U0320447

科学新悦读文丛

植物名字的故事

刘夙 著

人民邮电出版社
北京

图书在版编目（CIP）数据

植物名字的故事 / 刘夙著. -- 北京 : 人民邮电出版社, 2013.5（2022.9重印）
（科学新悦读文丛）
ISBN 978-7-115-31137-5

Ⅰ. ①植… Ⅱ. ①刘… Ⅲ. ①植物－普及读物 Ⅳ. ①Q94-49

中国版本图书馆CIP数据核字(2013)第047751号

内 容 提 要

这是一本难得一见的植物书。

新锐科普作家、中科院植物所博士刘夙，以轻松幽默的方式钩沉鲜为人知的有关植物名字的故事，用清新雅致的文笔讲述植物的人文背景，以及植物名字中隐含的各种趣味知识，向读者展示了一个郁郁芊芊、平易近人的植物世界。

本书简洁清爽的装帧设计，优美凝练的文字表达，真切动人的背景故事，在陶冶科学素养的同时，想必也能激发您的人文情怀。

科学新悦读文丛

植物名字的故事

◆ 著　　　刘　夙
　　责任编辑　毕　颖

◆ 人民邮电出版社出版发行　　北京市丰台区成寿寺路 11 号
　　邮编　100164　　电子邮件　315@ptpress.com.cn
　　网址　http://www.ptpress.com.cn
　　北京虎彩文化传播有限公司印刷

◆ 开本：880×1230　1/32
　　印张：7.375　　　　　　　　　2013 年 5 月第 1 版
　　字数：155 千字　　　　　　　2022 年 9 月北京第16次印刷
　　　　　ISBN 978-7-115-31137-5

定价：45.00 元

读者服务热线：**(010)81055410**　印装质量热线：**(010)81055316**
反盗版热线：**(010)81055315**

广告经营许可证：京东市监广登字 20170147 号

目录

3

理解草木之名

一点也不夸张地说，人类之所以贵为万物灵长，就是因为他们会起名字。

东汉有个大学问家叫许慎，他编了一本书叫《说文解字》，是中国最早的字典。这部巨著有一点让我很不满意——里面竟然没有收我的姓氏"刘（劉）"字。后人对此有不同的解释，有人说是避讳，有人说是写成了另一个字，但不管怎样，反正是没有收这个字。

不过，我个人的一点不满，当然不能掩盖这部书在揭示汉字字源上的重大成就。比如"名"这个字，上面是个"夕"，下面是个"口"。"夕"的本义是傍晚，那么名字和傍晚又有什么关系呢？许慎为我们揭开了其中的奥秘："夕者，冥也。冥不相见，故从口自名。"这意思是说，白天人们彼此能够看见，所以不需要称呼自己的名字也能让人知道你是谁；可是到了太阳落山之后，彼此就看不见了，要想让别人知道你是谁，就只能从嘴里喊出自己的名字。所以，"名"就是在"夕"阳落山后从"口"中说出的东西。

当我们从认知科学的高度审视人类和其他动物的不同时，

"名"这个汉字体现的造字智慧，便更让人佩服不已。假定人类和其他所有动物一起进行一场智力竞赛，第一关是"推理"测试——如果A大于B，B大于C，那么A和C的关系如何？那么，光在这一关，比鱼类低级的所有动物就会统统被淘汰出局。

第二关则是"自我意识"测试，就是看能不能认出镜子中的形象是自己。看起来这也是很简单的任务，然而能够通过这一关的选手，除了人类之外，只剩猩猩、黑猩猩、大猩猩、海豚、亚洲象和喜鹊了。

现在，关键的第三关来了：你是否能够把你意识里的世界分解成一个个的概念，并用语言表述出来？这一回，只有人类，以及受过人类训练的几只黑猩猩、大猩猩通过了测试。而当裁判再问：你能够随时随地、随心所欲地使用语言吗？那几只被人类教会了"符号语言"的类人猿便也败下阵来。最终，靠着卓越的语言能力——能够自由、随意地运用语词表达心中各种概念的能力——人类，夺得了这场动物智力竞赛的冠军。

所以，不要小瞧我们起名字的本领。哪怕是我们随口管一个人叫"高个儿"，管另一个人叫"胖子"，我们都是在动用所有动物智力中最高级的技能——用语言表达概念。这个能够令我们多少感到骄傲的事实，就隐含在"名"这个字"从夕，从口"的字形里。

＊　　　＊　　　＊

可是，当我们放眼打量大千世界的时候，实在不能不叹息：这世界实在太复杂了，能够被起名字的事物实在是太多了！难怪在任何一本通用词典里，数目最多的词语总是名词——就是用来表达事物名称的词。

我手头有一本《现代汉语词典》第6版。我随手一翻，翻到了第245页。这一页上共有44个词条（从"大赛"到"大团圆"），其中标为"名词"的就有28个，足足占到了六成多。在这28个名词中，又有不少是指称具体的、非抽象的事物，比如"大嫂"是"大哥的妻子"，或用来"尊称年纪跟自己相仿的已婚妇女"；"大少爷"是"指好逸恶劳、挥霍浪费的青年男子"；"大暑"是"二十四节气之一"；"大提琴"是"提琴的一种"；"大头菜"是一种"二年生草本植物，根主要供腌制食用"。

然而，这本收录了洋洋近7万个条目的《现代汉语词典》第6版，仍然没有穷尽我们日常生活中一切指称常见事物的名词，比如，现在的很多箱包和衣服上都有"魔术贴"，一面是坚硬的钩状物，一面是柔软的毛绒，两面按在一起，就可以牢牢粘住。我们从医院或药店买的药片、胶囊，很多是装在透明塑料板上面一个一个的凹槽里的，这种带有水泡状凹槽的塑料板的大名叫做"泡罩"。可是我翻遍《现代汉语词典》，既没有找到这两个词，也没有找到指称这两种我们司空见惯的事物的其他名词。

日常生活中的事物已经如此丰富多彩，可是比起大自然本身的多样性来，那又是小巫见大巫。就拿生物来说吧，现在，科学家已经为将近200万种生物命了名；据估计，地球上现在还生存的生物至少有2000万种；如果算上在几十亿年的历史长河中已经灭绝的生物，那么地球上曾经存在过和仍然存在的生物的数目将超过1亿种！

在形形色色的生物中，有一类低调的生物叫做"植物"。按照今天科学界的定义，植物是指能够通过叶绿素来进行光合作用、自己制造养分的生物（当然啰，这只是一个简化的定义。如果你问我菟丝子这种不含叶绿素、不能进行光合作用的怪物是不是植物，我当然也会说"是"）。植物可以分为绿藻、苔藓植物、石松植物、蕨类植物和种子植物5大类，其中以能够结出种子的种子植物数目最多，全世界有20多万种。

尽管这个数目远远比不上全世界昆虫的数目（据估计有1000万种，占所有现存生物种类的一半），但也已经相当可观了。按照已经在2004年全部出版完毕的《中国植物志》所述，中国有种子植物将近3万种，是世界上种子植物种类最丰富的国家之一。即使在我居住的面积只有1.68万平方千米的北京市，野生的种子植物也多达1700余种——把它们的名字列成表打印出来，需要好几十页纸。

＊　　　＊　　　＊

我们都有这样的感受，也许一些名字对我们来说只是名字，但另一些名字却承载了更多的信息，也许它能让我们产生喜怒哀乐的情绪，也许它能勾起一段遥远的记忆。很多时候，简简单单一个名字，就能让我们浮想联翩，久久不能自已。

比如说，"桧"就是这样一个承载了丰富意思的名字。它最早的时候只是指一种树木，就是今天我们叫做"桧（guì）柏"或"圆柏"的常见园林和绿化树种。在春秋时代，"桧"也是位于今天的河南省境内的一个诸侯国"郐"（kuài）国的别名。有人怀疑这个国名正是来自那里的山上生长的茂密桧柏树。《诗经》中有"十五国风"，其中就有"桧风"，虽然只收录了4首诗，却足以使小小的桧国和秦、晋（唐）、卫、郑这样的大国并列了。《左传》记载，吴国的季札曾经在鲁国观看以《诗经》为歌词的乐舞，他对各诸侯国的乐曲都发表了意见，可是从桧国的乐舞开始，却不再评论了。从此，汉语中就多了一个成语叫"自桧（郐）以下"，意思是由此开始的人或事物的水平就不足以让人再高看了。

也许这样一个带有贬义的成语，注定了"桧"这个字作为名字使用时会有更多的磨难。北宋末年，一位名叫秦敏学的小官僚按照当时流行的五行命名法，给自己的儿子起了这个带木字旁的名字"桧"。谁也想不到，这位秦桧（huì）先生后来竟然成了南宋大臣，而且不幸的是，还是一位因卖国求荣、害死爱国将领岳飞而遗臭万年的奸臣。从此，"桧"这个名字就再也洗不脱身上的晦气了——清代有一位叫秦大士的状元，在拜谒杭州岳王庙时，就留下了"人从宋后羞名桧，我到坟前愧姓秦"的名句。

巧合的是，在德国人中，阿道夫（Adolf）这个名字遭到了同样的冷遇。Adolf来自古德语Athalwolf一词，意思是"高贵的狼"。在19世纪和20世纪上半叶，阿道夫是德国男性中一个非常常见的名字。在植物分类学史上鼎鼎有名的阿道夫·恩格勒（Adolf Engler）就叫这个名字。然而，一切都因为一个叫阿道夫·希特勒的人改变了——他创建了第三帝国，发动了第二次世界大战，制造了惨绝人寰的大屠杀，把德国以至世界都带入了灾难之中。当1945年希特勒自杀、二战结束之后，再也没有几个德国人愿意给男孩子取名阿道夫了。不过，这个和邪恶的法西斯主义永远联系在一起的名字，直到今天仍然以变体"阿迪"（Adi）频繁出现在所有爱好体育的人们面前——德国著名的运动用品公司"阿迪达斯"（Adidas），就是以其创始人阿道夫·达斯勒（Adolf Dassler）的名字命名的。

*　　　*　　　*

同样，有些植物的名字，也蕴含了丰富的文化信息。在中国文化里面，有很多植物的名字从先秦时代就频繁出现在各种典籍文献中，在这些名字之中积累的人文知识，也便如滚雪球一样越积越多。

就拿桃子来说吧，古代中国人很早就开始种植这种水果了。现在学界公认，桃树就是在中国得到驯化的。《诗经·周南·桃夭》的第一句就是"桃之夭夭"，本意是说桃花开得十分繁茂，后人却取了"桃"的谐音，把这句诗变成了"逃之夭夭"，意思也变为调侃人逃得远了。

"桃花源"也是和桃有关的著名典故，典出东晋文学家陶渊明的《桃花源记》。在这篇脍炙人口的文章中，陶渊明描述了一个与世隔绝、安详宁静的田园世界，从此人们就管自己心目中的理想世界叫做"世外桃源"了。

在《韩非子·说难》中则记载了弥子瑕分桃的故事。传说春秋时的卫灵公喜好男色，宠爱一个叫弥子瑕的人。有一天，二人同游果园，弥子瑕摘了一个桃子吃，觉得味道甘美，就把吃了几口的桃子递给卫灵公吃，给卫灵公留下了深刻的记忆。

后来"分桃"就成为指代男同性恋的著名典故了。

杏和桃是亲缘关系很近的水果，和杏有关的典故也不少。比如唐代诗人杜牧写过一首有名的七言绝句《清明》，后两句是"借问酒家何处有，牧童遥指杏花村"，"杏花村"因此成了酒家的代称。今天最有名的"杏花村"，自然是汾酒的产地——山西汾阳杏花村了。

东晋道士葛洪曾著有《神仙传》，书中记载了三国时吴国神医董奉的事迹。传说董奉隐居山林，每天为人治病，分文不取，只有一个条件：如果是重病患者被治愈，要在山上种杏树五棵；病不重的患者被治愈，则种一棵。这样过了几年，山上的杏树已经多达十万多棵，成了一片郁郁葱葱的林子。自此以后，"杏林"就成了医学界的美称。

如果说桃和杏这样的植物虽然有着许多相关的典故，但其名字本身比较普通，那么"远志"这样的名字，看一眼便觉得文化气息扑面而来了。远志是一种柔弱的小草，它的一个别名正是"小草"，但这样的一种小植物却被古人认为具有"益智强志"的威武药效，所以有了"远志"这个雄壮的大名。《世说新语》记载，东晋的谢安本来打算隐居不仕，可是奈不住朝廷几次征召，只好出来做了大将军桓温的手下。有一天，有人送给桓温几种草药，其中就有远志。桓温故意问谢安："这种药又叫'小草'，为什么会有两个名字呢？"谢安知道他是在揶揄自己，迟迟不作答。一边的郝隆嘴快，回答道："在山里的时候是远志，出山就是小草了呗。"于是谢安面有愧色。不过，后来谢安指挥东晋军队在"淝水之战"中以少胜多，打败

大名鼎鼎的远志

了前秦的进攻。这么看来，谢安出来做官，才真真正正是"远志"呢。

＊　　　＊　　　＊

然而，中文植物名（或者更严格地说是汉语植物名）也不过是世界上所有植物名称中的一小部分。其他语言中也有大量的植物名称，它们也都承载着大量的文化信息。这么多的植物名称固然是人类文化的宝库，却也给彼此的交流带来了很大困难。

比如马铃薯是原产南美洲的重要粮食作物。在汉语中，

我们除了这个正式的名称外，习惯用"土豆"作为其通称。此外，在不同的地方，它还有洋芋、洋山芋、山药蛋、地蛋、薯仔等名字，而《中国植物志》中又管它叫"阳芋"。在别的语言中，马铃薯又被叫做potato（英语）、pomme de terre（法语）、Kartoffel（德语）、práta（爱尔兰语）、картофель（俄语）、ジャガイモ（日语）、감자（朝鲜语）……这么多名字，指的都是同一种植物，这就是"同物异名"现象。

说到植物的同物异名，不妨在上述那个老生常谈的例子之外，再举一件我亲身经历的事情。2012年7月，我从友人那里得知，新疆有一种叫做"雪菊"的植物，据说只生长在天山山脉的高海拔地区，是新疆特有的和雪莲齐名的珍贵野生植物。把它的花摘下来泡茶喝，据说可以调节三高、减肥养颜云云。起初我还真以为是什么稀有濒危植物，当我在网上看到雪菊的照片之后，差点儿从椅子上跌倒——这不过就是原产北美大

两色金鸡菊，有的学者认为它是一种外来入侵植物

陆、作为观赏植物引种到中国的"两色金鸡菊"而已，在中国很多城市都有栽培。怎么它到了新疆，就被吹捧成"稀有高寒植物""天山雪菊"了呢？

进一步的了解，更使我义愤填膺。从2010年起，新疆当地开始炒作这种植物，很多农民便大量种植。然而到2012年，"雪菊"的炒作崩盘，价格一落千丈，很多农民收获的"雪菊"都卖不出去，损失惨重。这无疑是"同物异名"现象导致的一场悲剧——如果奸商们没有取"雪菊"这样一个不见经传的诱惑性名字，进而在其上编织"稀有高寒"的美丽谎言，如果人们都知道这种花叫做"两色金鸡菊"，它的英文名字是tickseed，那么这场炒作也就不太可能发生了。

其实，哪怕是去一趟超市，我们也能看到被称作"蛇果"的苹果、称作"奇异果"的猕猴桃、称作"提子"的葡萄、称作"车厘子"的樱桃、称作"碧根果"的美国山核桃。当有些人一本正经地分辩说"提子不是葡萄"的时候，我们便再次看到给熟悉的事物另起陌生的名字所造成的巨大威力。

除了同物异名，自然还有同名异物。菩提树是佛教中的圣树，传说佛教创始人释迦牟尼曾在印度一棵菩提树下打坐七七四十九天，终于大彻大悟。然而，这种圣树是热带树种，在中国只能露天栽培于广东、广西、云南、海南等省区。在靠北的长江流域，寺庙里只好用无患子树代替菩提树，却也管它叫"菩提树"。在更靠北的黄河流域，则用银杏充当菩提树。在青海的高寒地区（比如湟中的塔尔寺），连银杏也长不了，便只能用暴马丁香顶替菩提树了。这还不算完，现在的很多外语词典中，都把英语的lindenwood、德语的Linden、罗马尼亚语的tei、俄语的липа翻译成"菩提树"，于是搞出了"菩提茶"、《菩提树》（奥地利作曲家舒伯特的一首歌曲）、"菩提树下大街"（德国柏林的一条大街）、《菩提之恋》（罗马尼亚的一首流行歌曲，后来被翻唱成《不怕不怕》）之类译名——然而这里的"菩提树"不过都是椴树的误译罢了。

在英语里面，bluebell（蓝铃花）则常常被作为同名异物的例子。在英格兰、西非、美国加利福尼亚州南部和新西兰，蓝铃花分别指代不同的植物。当这些地方的人们唱起苏格兰儿歌《苏格兰的蓝铃花》时，他们的眼前会浮现出自己熟悉的蓝铃花形象——而它们又都和苏格兰人眼中的蓝铃花完全不同！

*　　　*　　　*

为了解决这些同物异名和同名异物的问题，在18世纪，瑞典非凡的博物学家卡尔·林奈（Carl von Linné，拉丁化的拼写则是Carolus Linnaeus，1707—1778）创立了直到今天还被植物学界奉为圭臬的"植物命名法则"。

植物命名法则的细节虽然很复杂，但它的基本原理很容易理解。首先，林奈是用拉丁文来为植物命名的。拉丁语是古罗马帝国通用的语言，不过在林奈生活的18世纪，在民间已经没有人使用了。然而在那时候，不同的国家各自有不同的语言，有的还不止一种。在这种情况下，各个国家的学者为了能够相互交流，就只好继续使用拉丁语。林奈的很多著作都是用拉丁文写的，所以他用拉丁文来为植物命名，也就顺理成章了。这样做还有一个好处——因为那时的拉丁语已经近乎死语言，再不会有很大的发展变化了，所以用拉丁文为植物命名，可以保证命名系统的稳定性。

林奈对大多数植物都采用了"双名法"的命名方式。所谓"双名法"，就是用两个词来为植物命名，第一个词叫做"属名"，首字母要大写，可以视为植物的"姓"；第二个词叫做"种加词"，首字母通常都小写，可以视为植物的"名"。比如林奈给银杏起的名字是*Ginkgo biloba*，第一个词*Ginkgo*是"银杏属"的属名（来自日语"银杏"一词的拼音），第二个词*biloba*则是银杏的种加词（意为"二裂的"，指银杏的叶片常常裂为两瓣）。

再比如桃的拉丁文名字是*Prunus persica*，第一个词*Prunus*是"李属"的属名，第二个词*persica*是桃的种加词，意为"波斯的"，所以这个名字直译是"波斯李"（当然啰，这个名字并不准确，因为波斯的桃最早是从中国传去的）。杏的拉丁文名字则是*Prunus armeniaca*，第一个词也是李属的属名（也就是说，桃和杏"同姓"），第二个词意为"亚美尼亚的"，因为当时的欧洲人相信杏树起源于西亚的亚美尼亚地区。至于欧洲的李子（大名"欧洲李"，和中国的李子不是同一种），它的"姓"当然也是*Prunus*，"名"则是*domestica*，意为"家养的"，表明欧洲李是一种栽培植物。桃、杏、欧洲李的"姓"相同，同归为李属，说明它们具有相似的特征，在演化上具有共同祖先，正如同姓的人"五百年前是一家"一样。

有时候，植物学家通过研究，发现同一属的两个种的亲缘关系没有原来想的那么近，便会为其中一个种"改姓"，把它挪到另一个属里面去。比如有的植物学家觉得桃和欧洲李差别不小，应该"分家"，于是把桃分到"桃属"*Amygdalus*里面，这样一来，桃的"姓"就由*Prunus*改成了*Amygdalus*。不过，它的"名"不变，还是*persica*，所以这时候桃的名字就是*Amygdalus persica*。这些植物学家同时也觉得杏也应该"另立门户"，划到"杏属"*Armeniaca*里面，于是为它另起名*Armeniaca vulgaris*，其中的*vulgaris*意为"普通的"（之所以不叫*Armeniaca armeniaca*，是因为这个名字的属名和种加词拼写完全相同，而这是植物命名规则所不允许的）。当然，这种做法并不是所有的植物学家都赞同，很多人还是倾向于让桃、杏和欧洲李"联宗"。

有了这种拉丁文的"科学名称"（简称"学名"），世界各国的学者交流起来就容易多了。比如马铃薯虽然有那么多的名称，但是学名就只有一个：*Solanum tuberosum*。那种被另外起名为"雪菊"的北美植物，常用的学名也只有一个：*Coreopsis tinctoria*。至于各种"菩提树"和"蓝铃花"，也都各有学名，不相混淆。曾经困扰人们的植物命名问题，便这样解决了。

*　　*　　*

植物的科学命名实际上是一个相当繁琐的工作。学者们先要亲自采集或者派人采集标本（有时候甚至要冒生命危险），然后在标本馆中比对大量的标本，确定这些标本所代表的植物物种的范围和亲缘关系。接着，他们还要爬梳文献，找出相关的学名，如此才能为一种植物正确地定名。有时候，为了确定一种植物的正确学名，竟然需要几代人数十年的工作！

然而，作为对这种枯燥工作的奖赏，植物分类学家具有令人羡慕的为新植物命名的特权。他们可以用自己景仰的人、自己的良师益友甚至自己的爱妻娇儿（有时候也是自己讨厌的人）为新植物命名。新的植物学名一旦合格发表，如果没有特殊原因，便不能被废除或代替，后来的学者只能老老实实地使用这个名字。于是，许多在史书中鲜有提及的人物，却在植物的学名中保留了自己的名字，并借此而不朽。除了人名，在植物学名中还能找到大量的地名、方言词等特殊词汇，它们无不携带着和植物相关的宝贵信息。

这样一来，植物学名也便承载了众多的历史和文化。看似冗长无趣的植物学名，其中往往蕴含着命名人的好恶，反映着植物学家的生平，甚至书写着一个国家的兴衰，折射着一个民族的气质。这些用拉丁文这种死语言的文字创造的名字，如果能够得以正确地解释和考证，便会成为信息丰富的史料，我们能够从中钩沉出一件件陈年旧事，不但可以匡补正史之缺，即使是作为茶余饭后的谈资，也往往不输明星们的八卦新闻。

在这本书中，我将主要从中国植物的学名中挖掘有趣的故事。有些反映了西方人在中国采集植物的历史，是中国在历史上积贫积弱、国门为列强洞开的见证；有些反映了中国自己的植物学家艰苦创业、为摸清祖国植物资源的家底而奋斗不息的光辉历程；有些故事会让人扼腕叹息，或是捧腹大笑。此外，我也会讲述一些和植物的中文名称有关的故事，希望这些故事同样能给读者有益的启迪。

春秋战国时代是中国思想十分活跃的一个时代。很多有关名字问题的论述，都是那个时代的哲人们给出的。老子说"名可名，非常名"，庄子说"名者，实之宾也"，孔子说"名不正，则言不顺"，都是脍炙人口的名句。孔子还说过另一句话："多识于鸟兽草木之名。"这是在劝勉他的学生学习《诗经》——孔夫子认为，《诗经》的一大功能，就是可以使人多认识动物和植物的名字。

我想，我们不光要"多识"于草木之名，也要"多解"于草木之名。认识名字，是我们发挥万物灵长的智慧的第一步；而只有用心了解和体会名字背后的信息，才会让我们把外在的知识最终转化为内在的心灵体验，真正感受到精神生活的无上乐趣。

　　小叶王莲，又名克鲁兹王莲。虽然叫做"小叶"，但那只是相对同属另一种亚马孙王莲而言。比起一般的植物，它的叶子仍然极为硕大。

　　暴马丁香，又名西海菩提，因为它在青海湖（古称"西海"）附近的佛教名寺塔尔寺中用来作为佛教圣树菩提树的替代种而得名。

荚果蕨，一种常见的栽培观赏蕨类。之所以名为"荚果"，是因为它的繁殖叶的裂片卷曲成豆荚一般的形状，蕨类的繁殖器官—孢子就从中产生。但这并不是真正的果实，蕨类是没有果实的。

　　电珠花，特产于澳大利亚塔斯马尼亚岛的蔓生灌木，和杜鹃花、黑果越橘（黑莓）、欧石南是近亲。"电珠花"这个名字为本书作者所拟，指它的花冠形似电珠。运用比喻的方法为生物拟名是古今中外的通例。

　　白花绒球树，特产于南部非洲的灌木。花很有特点，许多花攒在一起，成一个白色的球，仿佛是装饰用的绒球，所以本书作者为它拟定了这样的名字，比起原来的"鳞叶树"之名更为生动。

第一篇

草木遗史

"有型岛"的枫香

　　1544年，一艘驶往日本的船只在海上掠过台湾岛。船上的葡萄牙船员发现了这个在他们的海图上完全没有标记的未知岛屿，遥遥地看见它被苍翠茂密的森林覆盖，似一颗璀璨的绿宝石，两个赞美的词不禁脱口而出：Ilha Formosa！（葡萄牙语"美丽的岛屿"之意）。从此，台湾就有了Formosa的别名。

　　长期以来，我们都习惯随着西方人的说法，管15~18世纪西方人在全世界进行地理探险的活动叫作"地理大发现"。于是就有不忿的学者出来质疑：除了个别小岛和南极洲外，西方人在"地理大发现"期间"发现"的陆地其实早就有原住民在那里生活了，难道原住民的发现就不是"发现"？比如台湾岛，很早就有操南岛语系语言的原住民栖息于此，连汉族人都是后来的。我们甚至都不能说是汉族人"发现"了台湾岛，又怎么能说台湾岛是葡萄牙人"发现"的呢?

从词源上讲,葡萄牙语的formosa,来自拉丁语的名词*forma*,意思是"富有……的"。这么说来,Formosa这个词的构成,和粤语的"有型"颇有异曲同工之妙。所以我觉得不如把"Formosa"改译为"有型岛",这样才更贴合原来的词意。

1864年,已经在台湾岛采集动植物标本3年的英国外交官郇和(R. Swinhoe),邀请他的同胞、英国皇家植物园邱园的标本采集员欧德汉姆(R. Oldham)同去那里寻宝。欧德汉姆欣然前往,采集了700多份标本,其中就包括在我国南方广泛种植的园艺树种枫香树。两年之后,正在广州黄埔工作的另一名英国外交官汉斯(H.F. Hance)根据欧德汉姆的标本,正式把枫香树的学名命名为*Liquidambar formosana*,意即"有型岛的枫香"。

枫香是一类很有意思的树,光是它的果实就不同凡响。每年10月是枫香果实(更准确地说是"果序",因为它是由许多果

枫香树的叶子,绝大多数分裂为3个裂片,所以枫香树又叫三角枫。

实按固定的顺序聚合而成的）成熟的季节，凉风一吹，只见一个个样子怪异的小黑球自天而降，仿佛外星飞船大举入侵。如果你想从地上捡起一个果实仔细端详，可要当心，因为这果实上有刺，很容易扎疼手指。在美国东部，也有一种"北美枫香"（学名 *Liquidambar styraciflua*），结的果实和中国的枫香树类似。一般的美国人都很讨厌枫香的刺儿球，但是中国人却把它当成一味宝贵的中药，可以用来泡茶，还美其名曰"路路通"。在我家附近的西苑菜市场，就有茶叶摊卖这个，把它的功效说得神乎其神。

言归正传。枫香树的学名正式确定之后，又过了整整100年，在和台湾岛一水之隔的中国大陆，闹起了"文化大革命"。在"文革"期间，中国科学院植物研究所主持编写了一部重要的植物手册《中国高等植物图鉴》。在编写图鉴的第二册时，枫香树的学名让专家们伤透了脑筋。按照国际植物命名法则，一个合格发表的植物学名是不能随便改动的，可是Formosa偏偏又是西方殖民主义者起的名字，美则美矣，广大革命群众实在无法接受。最后，科学规则没有敌得住政治的压力，枫香树的学名被改成了 *Liquidambar taiwanensis*，也就是"台湾的枫香"。

"文革"终于过去了，扼住科学之喉的政治压力消退了很多。在后来的各种植物学专著中，枫香树的学名重新恢复为 *Liquidambar formosana*，连《中国高等植物图鉴》在重印的时候，都悄悄废弃了这个原来的修改。

枫香树的故事先说到这里，到我们讨论它的汉语名时再继续吧。

马神甫和锦香草

　　1852年，一位姓"羊毛帽子"（Chapdelaine）的法国天主教神甫受教会的派遣，前往中国传教。不知道为什么，这位神甫的中文姓名竟然叫"马赖"——和他的姓名读音或意义毫不相干，却又在字里行间隐含着一丝顽劣之气。1854年，马赖到达贵州，踏上了这片"天无三日晴"的崎岖土地。同年冬，他取道位于贵州西南角的兴义（这里已经建有天主教堂），到达与贵州相邻的广西省，在西林县传教。两年之后，他和两名中国教徒被当地官府处死，按中方的说法，这是因为他和他发展的教徒们在当地作恶多端。这就是著名的"西林教案"，也叫"马神甫事件"。随后，法国凭着这起"马神甫事件"，和英国一起发动了第二次鸦片战争。圆明园就是在这场战争中被焚劫一空的，连带圆明园附近的集贤院——在明代叫"勺园"，现在是我的母校北京大学的一部分——也一同遭殃。

今日的匀园冬景

　　就在这位马神甫第一次到达贵州整整40年后，另一位姓"骑兵部队"（Cavalerie）的法国天主教神甫也来到了贵州。这位神甫的中文名字是"马伯禄"，"马"自然是源自"骑兵部队"之意，于是他也成了一位"马神甫"。他边传教边忙着到处采集动植物标本，先后到过贵阳、贵定、都匀、安顺等地，后来又在兴义待了6年，可谓斩获颇丰。

　　1919年，马神甫离开贵州，进入唐继尧管辖的云南省继续采集标本。这唐大帅曾经因为和蔡锷等人一起发动讨伐袁世凯的"护国运动"而名震海内，可这时正做着土皇帝的美梦。不过这土皇帝治理内政的水平并不怎么样，云南境内土匪横行，民不聊生。唐大帅自知无力剿匪，就采取了凡是读过《水浒传》的人都很熟悉的对付土匪的招数——招安。当时起于滇南的大土匪吴学显，就是在1918年被唐大帅招安，摇身一变成为滇军军官的。然而，招安归招安，作恶还是要作恶，于是云南"官匪""民匪"并存，百姓人人自危。连身为外国人的马神甫，竟然也在他进入云南采集标本的这一年，在昆明附近不幸被土匪杀害。

一年多以后，唐继尧手下的军官顾品珍实在是看不下去了，起来赶跑了他的上司，自己当了云南省长和滇军总司令。顾品珍有心剿匪，他深知人人痛恨吴学显，打算将这一支招安军悉数铲除。无奈官匪勾结太深，剿匪的命令刚发出，吴学显就得知了消息逃走了。最后，顾品珍主政云南还不到一年，就在1922年春死在吴学显团伙的枪下，然后唐大帅就又回来了。

让我们看看唐大帅"复辟"后昆明的样子吧："当时所谓受唐继尧招安的土匪，大大小小有十多起，大的头头如普小洪……等，整个昆明城成了土匪的世界。以普小洪来说，走到哪里害到哪里……做生意的，被普小洪见一个抓一个，吊打勒索，有一文拿一文，有两文拿两文，抢光了才罢。土匪来昆明，到处设司令部，大东门外的桃源街整条街都成了普小洪的产业。他还在东寺街摆赌，派武装人员守护……一时间昆明处处是匪，都是赌……"到了1927年，唐继尧再次被他的手下推翻。新上任的云南省主席龙云在站稳脚跟之后再次开始剿匪，终于击毙了吴学显，云南的匪患这才缓和下来。

今天，在贵州、云南的低山上，我们可以找到一种名叫"锦香草"的低矮植物。这种植物有巨大的圆形叶子，上面生有粗毛，老百姓给它另起了个生动的俗名——熊巴掌。100多年前，上述的第二位马神甫第一次采到了这种植物，所以锦香草的学名叫*Phyllagathis cavaleriei*，就是为了提醒后人不要忘记他——我觉得其实也是在提醒后人不要忘记过去那个悲惨的年代。

　　原产巴西的蒂牡花属（*Tibouchina*）植物，和锦香草是近亲。"蒂牡"是属名中的前两个音节tibou的音译。植物学界有回避音译植物名称的传统，但并不排斥一些音义兼顾的译名，蒂牡花的"牡"字，可以表明这类植物属于野牡丹科，因此也算是一个音义兼顾的名称。

都是四川崽儿

19世纪的欧洲植物分类学家要比他们21世纪的同行幸福多了，要命名新植物根本不用自己跑腿采标本，自有各式各样的人自愿帮他们干活，其中有很多人是外交官、传教士，比如前面提到的在云南死于非命的马伯禄神甫。

法国巴黎自然史博物馆的弗朗谢（A. Franchet）就是这样一位享清福的植物分类学家。在他命名的近2000种中国植物中，绝大多数的标本是3位法国天主教神甫拼死拼活在中国西南地区替他采的，这3位天主教神甫分别叫作谭卫道（J.P.A. David）、赖神甫（P.J.M. Delavay）和法尔日（P. Farges），其中谭卫道的事迹后面我还会讲到。

弗朗谢给中国植物命名的方法颇为省事：属名往往是现成的，比如乌头、槭树、龙胆这些属欧洲都有，林奈早就定好属名了。至于种加词,首先当然是用采集者的姓氏——如果你看到一种中国植物学名的种加词是*davidii*、*delavayi*或*fargesii*,那八成就是弗朗谢命名的。采集者的姓氏用过以后,再用中国的地名。比如谭卫道曾经在四川宝兴县采集了大量标本,因为宝兴县政府驻穆坪镇,所以弗朗谢用*moupinensis*或*moupinense*作了很多新种的种加词。不过,弗朗谢用得最多的地名,还是省级行政区的名字,比如云南,比如四川。

很多人对"四川"这个名字的词源一直有一种误解,以为它是来自省内的四条大川。不过具体是哪四条大川,就说法不一了。有人说是"长江、岷江、沱江、嘉陵江",也有人说是"岷江、沱江、嘉陵江、乌江"。当然,这个误解由来已久,至少从清朝初年的历史地理学家顾祖禹就开始了。"四川"这一名称的真正由来,在于它是"川峡四路"的简称。所谓"川峡四路",是北宋年间设置的益州路、利州路、梓州路、夔州路四"路"(大体相当于今天的省)的合称。

当然,究其根源,"川峡"之"川",本义还是指河流,而"四"无论在四川的哪种词源解释中都是一个数目字。这两个字都在最古老的汉字之列,所以它们的笔画如此简单,"四"是五画,"川"只有三画。在汉字简化之前,"四川"是中国笔画最少的省名。

我上面唠叨的这些汉字知识也许对中国人有点意思,但对于包括弗朗谢在内的大多数法国人来说,恐怕实在无足轻重,他们才懒得学汉字——哪怕是加起来一共才八画的"四川"

二字。在他们看来，"四川"这个名字的发音才是更重要的。毫无疑问，法国人会觉得"四川"实在是个拗口的中国地名，因为"四"的韵母和"川"的声母的发音都是法语中所没有的。后者用t+ch来模拟还像那么回事；可是前者实在是太难发了，没办法，只好用u（读如"于"）代替。就这样，"四川"被包括弗朗谢在内的法国人拼成了Sutchuen，比如濒危植物崖柏的学名就是*Thuja sutchuenensis*。

可是讲德语的人不喜欢这种拼法。法语的tch到德语里非拼成tsch不可——君不见，德国人管自己的国家叫Deutschland（"德意志"就是其中的Deutsch的音译），在这个词里就有这个tsch。至于"四"的韵母，德语也没有，没办法，就用e（读如英语中弱读的a）代替吧，反正就算不比法国人的办法好，也坏不到哪儿去。这样，"四川"就成了Setschwan——奥地利植物分类学家韩马迪（H. Handel-Mazzetti）就是这么做的，比如四川香茶菜被他叫作*Plectranthus setschwanensis*。

不过，无论是上面的法式拼音还是德式拼音，都没有得到广泛应用，只在本国境内流传。到了20世纪初，基于英语拼写的邮政式拼音终于成了西方各国通用的汉语拉丁化方案。用邮政式拼音拼写的最有名的中国地名，大概要数Peking（北京）了。时至今日，北京大学的英文名仍然是Peking University；而位于北京香山脚下的中国科学院植物研究所标本馆的国际通用代码也是PE，正是Peking的缩写。应用邮政式拼音的规则，"四川"又被拼成了Szechwan——看上去颇像一个东欧地名。使用这种拼法的植物学名如四川冬青*Ilex szechwanensis*等。

中华人民共和国成立后，重新制订了更科学合理的汉语拼音方案，到这个时候，才出现了现在大家熟悉的拼法——Sichuan。使用这种拼法的学名如四川艾*Artemisia sichuanensis*、四川红门兰*Orchis sichuanica*等。

就这样，同样都是四川（含重庆）的植物，却因为时代的不同、国运的不同，有了至少四种不同的名字，这也算是历史在植物学名中留下的有趣印迹之一吧。

大熊猫与珙桐

中国没有国花，没有国鸟，也没有国兽。没有国花和国鸟的原因是人们意见太不容易统一，而没有国兽的原因，除了国际上不太流行这一国家象征的评选外，我想还有一个重要理由：反正不管怎样评选都是大熊猫当选，评不评都一样！

的确，在很多西方人心目中，如果要用一种真实存在的动物（加上"真实存在"这个定语，是为了把龙排除在外）象征中国的话，那肯定非大熊猫莫属。我看过美国的两则政治漫画，一则是讽刺美国印钞太滥，对中国经济造成危害，画中是一只大熊猫嚼着印有华盛顿头像的竹叶，边嚼边露出表示难吃的失望神情；另一则是反映中国将要修通前往东南亚的高速铁路，画中是一只大熊猫高兴地坐在经过中南半岛的火车上，身后是三只华南虎。说实在的，我挺欣赏这两幅漫画。

谭卫道

是谁发现了大熊猫? 这又是一个类似于"谁发现了美洲"的充满政治性的问题。无疑,中国人要比西方人早知道大熊猫的存在。据说古文里的"貘"和"貔貅",最早就是指大熊猫。即便不考虑这些久远的记载,当1869年法国传教士兼标本采集员谭卫道在四川宝兴第一次见到大熊猫标本时,他所见的也并非活体,而是由当地的猎户猎杀大熊猫之后剥制的毛皮。

谭卫道于1828年生于法国西南部的一个巴斯克人小镇。1862年,他被天主教会选中,派到中国传教。1862年—1866年,他在华北地区采集动植物标本,足迹最远到达内蒙古西部的阿拉善地区。著名的"四不像"——麋鹿的标本,就是他在这次来华期间寄回法国的,并由法国动物学家米尔纳-爱德华兹(A. Milne-Edwards)以谭卫道的姓氏命名为*Elaphurus davidianus*(动物和植物一样,其学名也是由两个词——属名和种加词构成的)。直到今天,麋鹿的英文还叫作David's deer(谭氏鹿)。

1867年，谭卫道第二次来到中国，听说西南地区物种资源丰富，就主动要求派到那里去。于是他被任命为四川宝兴邓池沟天主教堂的第四任神父。1869年谭卫道正式上任，马上就迫不及待地开始标本采集工作。大熊猫的标本就是他来宝兴没多久看到的。经过一番周折，谭卫道终于搞到一只成年大熊猫，原想活着运回法国，但最后还是只能剥取毛皮制成标本。因为大熊猫的形态太特殊了，这回米尔纳-爱德华兹没有用谭卫道的姓氏为它命名，而是取名为*Ailuropoda melanoleuca*，属名的意思是"具有熊脚（的动物）"，而种加词的意思是"黑白色的"。就这样，西方人算是正式"发现"了大熊猫。

除了麋鹿和大熊猫，谭卫道还"发现"了川金丝猴这种漂亮的猴类。一生能够发现三种大名鼎鼎的珍稀动物，已经足以使他名垂史册了。然而，四川西南部那茂密秀美的森林还将另一种美丽树木的发现权送给了谭卫道——这就是珙桐。

珙桐之美，不仅在于它那高大挺拔的身姿和翠绿欲滴的叶色，更在于它那奇特的花朵——两枚硕大洁白的"花瓣"（实际上是一种叫作"总苞"的叶状结构）中间，是一团紫色的"花心"（这是真正的花），远远看去，仿佛是树上停落的白鸽。正因为如此，珙桐在英文中就叫作dove tree（鸽子树）。

当谭卫道向法国植物学界报告了珙桐的发现之后，法国一位名叫巴永（H.E. Baillon）的学者便决定用谭卫道的姓氏来为这种美丽的树木命名，这就是珙桐属的学名*Davidia*的由来。谭卫道于1900年去世，而用他的名字命名的珙桐却生生不息。今天，欧洲和北美都已经广泛引种珙桐，作为珍贵的庭园树种。由于珙桐的珍稀性和享誉世界的观赏价值，它被评为中国的一级保护植物，又有"植物界的大熊猫"之称。

我没有见过珙桐。我原来一直以为这种树在中国非植于南方不能存活，但事实证明我错了。就在和中科院植物所一路之隔的北京市植物园，便引种有珙桐，而且不是温室栽培，是种植于露天环境中。它看来已经适应了北京的环境，不仅能够越冬，而且一样能够在春天开出满树的"白鸽"。清华大学也引种了珙桐，据说长势更好。

这完全是我自己的问题。我从小在山西生活了18年，却至今未去过五台山和壶口瀑布；到北京生活也已经有12年，却至今未去过北海和天坛；而在植物所求学期间，虽然也去过几次近在咫尺的北京市植物园，却没有认真逛过，错过了很多欣赏珍稀植物的机会。起初我对此不以为然，觉得花年年会开，今年不看，明年还会有。但是现在，我有点后悔了。我转而想，即便是年年都有的景色，也应该早看为宜。至少我现在还有这个心情。

还有谭卫道神甫曾经工作过的邓池沟教堂，我想也应该早点去看看。

还我一个名

如果说谭卫道是因为对中国西南部（主要是四川）的动植物考察而闻名世界，那么普尔热瓦尔斯基（N.M. Przewalski）则是因为对中国西北部的动植物考察而蜚声全球。要是按照中国的习惯，大可给他们二人封一个"南谭北普"的称号。

可是，我觉得普尔热瓦尔斯基实在不配与谭卫道相提并论。即使在传教士里面，谭卫道也是少有的对中国人友善的外国人。我在网上搜到他按清朝习俗剃发垂辫戴瓜皮帽的照片，说真的，简直看不出他是西方人，倒像是一位饱读诗书的乡间老儒。然而一搜普尔热瓦尔斯基的照片，那种侵略者高高在上、不可一世的神情就扑面而来。

普尔热瓦尔斯基是波兰裔的沙俄军官，一生中曾经4次来中国采集动植物标本。他第一次来华是在1870年，经由外蒙古的库伦（今蒙古国的乌兰巴托）到达北京，然后在内蒙古中西部考察，于1872年到达兰州。是年夏天，他踏上了青藏高原的土地，欣赏了青海湖的壮丽和柴达木盆地的荒凉。他原本想继续向南前往拉萨，但这时候已经是大雪封山的冬季，而经费又即将用完，于是他只好离开青藏高原，向北返回俄国。在这次考察中，普尔热瓦尔斯基采到了一种羚羊的标本，后来这种羚羊就以他的姓氏命名为"普氏原羚"（学名*Procapra przewalskii*）。

1876年—1877年，普尔热瓦尔斯基第二次来华考察，这次全部在新疆境内活动，收获很大。然而，普尔热瓦尔斯基始终没有放弃进入西藏的想法，这并不仅仅是他个人的兴趣，也是沙俄政府派给他的使命——当时英俄两国正在暗中争夺西藏这块重要的战略宝地，英国从南边的印度不断向北渗透，而沙俄则打算不断向南渗透。

带着赤裸裸的侵略目的，1879年，普尔热瓦尔斯基第三次来华，这回的路线非常明确：从柴达木盆地直奔拉萨而去。但是，由于西藏军民的阻截，他的美梦最终没有成真。在离拉萨只有270公里的地方，普尔热瓦尔斯基被迫折而北返。尽管未能到达拉萨，但是在这次考察中，他完成了一生中最重要的发现——找到了野马！在此之前，西方人知道从欧洲西部到俄罗斯中部都有野马生存，但是到了19世纪，这种"欧亚野马"因为不断被偷猎已经濒危，最终在20世纪完全灭绝。然而与此同时，从新疆和外蒙古的交界处却不断传来有野马栖息的传闻。普尔热瓦尔斯基的发现，最终证明传闻属实。这种野马便以他的姓氏命名为"普氏野马"，英文为Przewalski's horse。当然，一旦被发现，普氏野马也不可避免要遭殃。到20世纪60年代，它已经在野外完全灭绝了，仅在欧洲动物园还有一些人工繁育的后代。好在现在一部分人工繁育的普氏野马已经放回野外，并得到了悉心的保护，它终于暂时地免除了像欧亚野马那样灭绝的悲惨命运。

1883年—1885年，普尔热瓦尔斯基最后一次来中国考察。这回他换了一条路想到达拉萨，结果仍然未能成功。在他考察黄河源时，因为触犯了当地藏民心目中的神湖鄂陵湖和扎陵湖，与藏民发生了武装冲突。最终，普尔热瓦尔斯基一方仗着武器先进，打死了数十名藏民，对中国人民欠下了罪恶的血债。

1888年，普尔热瓦尔斯基在他的中亚考察途中病死，时年49岁。然而，普尔热瓦尔斯基的名字却在动植物的学名中保留下来。除了"普氏原羚"和"普氏野马"之外，生长在青海高寒草原上的一种开黄色花的草本植物，其属名也以他的姓氏命名为Przewalskia，汉语名叫"马尿脬"（或写作"马尿泡"）。

没有办法啊！普尔热瓦尔斯基虽然是一个叫嚣"对付野蛮民族只有用钱和枪"的流氓，但是只要用他的名字对动植物命了名，这名字就再不能更改了。这就像1937年，一位昆虫学家谄媚地用德国法西斯头子希特勒（A. Hitler）的姓氏命名了一种甲虫（学名Anophthalmus hitleri），从此这种甲虫就再也摆脱不了希特勒之名了。也正因为如此，现在这种甲虫竟然成了新纳粹分子的钟爱之物，因为过度捕捉，竟然到了濒危的境地！

更改学名虽然办不到，称其俗名多少可以补救。现在，有人呼吁把"普氏原羚"改为"中华对角羚"，把"普氏野马"改名"蒙古野马"，我非常支持。对于双手沾有中国同胞鲜血的外国侵略者，就是不应该客气，哪怕只是体现在一种生物俗名的变更上。

蒙古野马，又名普氏野马

啊，敦煌！

敦煌是一个奇迹。

奇迹之一在于它纳入中原王朝统治的历史。"春风不度玉门关"，长久以来，这片荒漠中的绿洲都是游牧民族休养生息的宝地，它离秦汉那个宽衣大袖、饮水食蔬的东亚农业文明是那么遥远。然而在公元前121元（西汉元狩二年），敦煌的历史发生了巨大的转折。这年夏天，年轻的将军霍去病率军越过居延水（今天的弱水河），直扑敦煌附近的祁连山，大败这里的匈奴军。从此，被匈奴盘踞百年之久的敦煌地区，被雄才大略的汉武帝收入了西汉王朝的版图。这一年，汉武帝在河西走廊设置了武威郡和酒泉郡（郡是比县高一级的行政单位，大略相当于今天的地级市），10年之后，又从武威郡析置张掖郡，从酒泉郡析置敦煌郡，这就是著名的"河西四郡"。从此，敦煌就成为闻名世界的

"丝绸之路"上的重要一站。敦，大也；煌，盛也。"敦煌"这个名字充满了盛世的自豪和自信。

奇迹之二在于它灿烂的文化。河西走廊是一个风沙漫天的地方，离开绿洲不远便是一片萧索荒寂的景象。"南方的才子北方的将，陕西的黄土埋皇上"，按照流俗的地理决定论，像这样的苦寒之地，似乎只能出骁勇果敢的猛将。的确，河西走廊在历史上曾经几次成为军阀割据的要地，但是这里却绝不是文化沙漠，恰恰相反，在三国两晋南北朝时期，河西走廊是个学术重地，从这里走出了众多的文人学士，其中不乏大师鸿儒，比如西晋的索靖就是敦煌人。他不仅善诗，书法尤绝，而最使我佩服的，是他在西晋发生贾后乱政后不久，就于洛阳坊间的一片祥和气氛中，察觉到了迫在眉睫的天下大乱。他指着洛阳宫门外的一对铜骆驼说："我大概会看见你身在荆棘之中吧！"（"会见汝在荆棘中耳！"）很快，匈奴首领刘渊就在北方起兵反叛，最后攻入洛阳，西晋灭亡，北方陷入100多年的大分裂、大黑暗时代。"铜驼荆棘"实在是我在中国的史书上看到的最惊心动魄、最让人久久不能释怀的典故。

当然，敦煌最大的奇迹，非莫高窟莫属。莫高窟是无与伦比的佛教艺术宝藏和文史档案宝库，它从十六国的前秦时代始修，经历了隋唐的鼎盛，见证了"归义军"在吐蕃围困中追随中原王朝的忠心，最终在明朝初年被废弃。千年的营建，积淀了活生生的历史，而平素为人诅咒的寒旱气候，这时却是让历史瑰宝能够禁受住岁月磨洗的保证。时间就这样又流逝了600多年，直

索靖的书法

到1900年6月22日这天，在莫高窟居住了8年之久的道士王圆箓终于一锄头敲开了藏经洞的入口。

这是美好的时刻，这是苦难的时刻。藏经洞在那样一个时代重见天日，使中华珍宝注定要开始它们颠沛流离的劫难。第一个前来掠宝的外国人是俄国人奥勃鲁切夫（F.A. Obruchev），他在1905年仅用一点点随身携带的俄国物品就换取了大量的敦煌文书。接着，英国探险家斯坦因（M.A. Stein）在1907年来到敦煌，以极为低廉的价格席卷了藏经洞中众多的珍贵写本。次年，法国学者伯希和（P. Pelliot）也赶到敦煌，凭借他精湛的东方学知识，又从斯坦因挑剩的写本中裹挟走了大量的珍品。斯坦因和伯希和的行为引起了中国学界的警觉，他们上书清政府，要求尽快运送莫高窟劫余的珍宝进京。但是，就像余秋雨在他的著名散文《道士塔》中所写的，这些国宝级的文物在进京途中"没装木箱，只用席子乱捆，沿途官员伸手进去就取走一把，在哪儿歇脚又得留下几捆，结果，到京城时已零零落落，不成样子"。

上面提到的伯希和，在抵达敦煌之前，已经在新疆考察了一年，在库车的收获尤多。1907年7月28日，伯希和以及与他同行的军医瓦扬（L. Vaillant）在库车附近采集到了一种禾草的标本。1912年，法国植物学家当吉（P.A. Danguy）认定它是一个新种，于是就用伯希和的姓氏将其命名为*Stipa pelliotii*（*Stipa*是针茅属的属名，针茅是欧亚温带草原上最常见的禾草）。1955年，苏联植物学家格鲁波夫（V.I. Grubov）为它"改姓"，将它从针茅属转移到细柄茅属，于是有了现在最常用的学名*Ptilagrostis pelliotii*。它的汉语名字是"中亚细柄茅"。在一个查询植物物种信息的网站上，我看到了伯希和和瓦扬采集的中亚细柄茅标本的采集信息，然而采集地点写的并不是"新疆"，却是一个在今天仍十分敏感的地名。

今天，中国的经济已经腾飞，屈辱的历史已经远去，丝绸之路即将复兴。位于这条古道之上的敦煌，是否还能再创奇迹？

人在尊时万利收

我去中国南方的次数很少，对很多南方的植物都不认得，对岭南的草木尤其陌生。在为数不多的我见到就能认出来的岭南植物中，有一种是红花羊蹄甲。

红花羊蹄甲的学名是*Bauhinia* × *blakeana*，这个名字的第一个词是羊蹄甲属的属名。羊蹄甲是南方很常见的一类植物，很多种类都有一种特别的叶形——轮廓大体是圆形，但在叶片的先端有一个凹陷，把叶片分隔成左右两瓣，像是羊的蹄子。这就是"羊蹄甲"一名的由来。植物学家已经证明，这种古怪的叶形是由两枚小叶相互愈合而成，但因为愈合得不彻底，就在顶端留下了一个缺口。

*Bauhinia*这个属名是林奈的杰作，林奈用它纪念16世纪的瑞士博物学家Bauhin兄弟。Bauhin这个姓，很多书上译为"包

兴"，这是把它按德语或英语的发音来念了。Bauhin兄弟其实是法国人的后代，按照法语的发音规则，Bau要念"波"，in要念"安"，而字母h在法语中多不发音（你可以留意所有模仿法式英语发音的表演，其中肯定要强调法国人不发h音的习惯，比如把hat发成at，把home发成ohm），所以Bauhin的正确音译应该是"波安"。

因为波安兄弟在自然科学研究方面都做出了重要贡献，所以林奈特意选择了羊蹄甲属来使他们的姓氏永垂不朽，因为羊蹄甲那左右两瓣的叶子，恰好合于兄弟怡怡之意。在"地理大发现"带来"植物大发现"的时代，林奈有足够的挑选空间，来让植物的特征体现所纪念人物的特征。到今天，在地球上大部分地区，发现新植物已经越来越困难，学者们要纪念谁的话，也就顾不上讲究什么"特征相符"了。假定有谁愿意用我的名字命名一种全株散发恶臭的草，我高兴还来不及呢。

红花羊蹄甲是一个法国传教士于1880年前后在香港岛西部一座房屋的废墟附近发现的。别的羊蹄甲的花期只有两三个月，但红花羊蹄甲几乎全年都可开花，这使它特别适合作为庭园树种。很快它就被香港的植物园引种了，然后又在香港全境推广。1908年，英国植物学家邓恩（S.T. Dunn）用前香港总督卜力（H. Blake）的姓氏为这种美丽的小乔木命名，这就是它的学名种加词*blakeana*的来历。

那么，在*blakeana*之前，为什么还有一个乘号×呢？这表明它是一个杂交种，是由羊蹄甲（学名*Bauhinia purpurea*）和白花羊蹄甲（学名*Bauhinia variegata*）这两个野生种天然杂交形成的。因为是杂交后代，所以红花羊蹄甲虽然满树繁花，却常常不能结果。

不过，植物和人毕竟是隔了太远的两类生物，多数香港人并不觉得这种华而不实有什么不好的象征。虽然有人提出异议，但1965年红花羊蹄甲仍被选为香港市花；1997年香港回归祖国后，它又顺理成章地成了香港特别行政区的区花。因为羊蹄甲属和紫荆属近缘（清华大学的校花就是紫荆），花形也有点相似，所以香港人习惯称红花羊蹄甲为"洋紫荆"。然而这个"洋"字实在不确，红花羊蹄甲是地地道道的香港"土著"。

上面提到的卜力，在1898年就任香港第12任总督。是年6月，中英签署《展拓香港界址专条》，清政府将深圳河以南的大片土地租借给英国，这就是香港的"新界"。卜力上任的头一件大事就是接收新界。1899年4月，新界吉庆围的客家村民因为抗拒港英政府的收管，和英军爆发冲突。卜力毫不心慈手软，在5月份命令英军回击，重创了吉庆围村，炸塌了封锁村庄入口的大铁门，村民死伤惨重，这就是香港史上有名的"铁门事件"。后来，英军竟然把炸坏的铁门当作战利品运回英国，直到1924年才归还村民。

卜力一辈子为英国政府尽心竭力，获得了众多荣誉，其中自然也包括邓恩以他的姓氏命名了红花羊蹄甲这件事。植物学上有个传统：若要用人名来为植物命名，一般只限于纪念和植物学相关的人物。但这毕竟只是"一般"，对达官显贵自然是例外的。当然，邓恩会分辩说，卜力不仅是政治家，人家业余也爱好植物学嘛。不错，正因为卜力是达官显贵，所以他的爱好才会被人重视。这就正如某些名人随便用毛笔划拉几个字，也有人捧为墨宝一样。

尊贵的地位在哪个国家都是硬通货。英王乔治三世的王后夏洛特出身德国的梅克伦堡-施特雷利茨（Mecklenburg-Strelitz）大公国，于是就有人把原产南非的奇异花卉鹤望兰的属名命名为*Strelitzia*，用来向她献礼。英国的维多利亚女王在位时间长达64年，又有人把原产亚马孙流域的王莲（它那巨大的叶子甚至可以承受一个30斤的小孩的重量）的属名命名为*Victoria*（这是一个字母不差地移用了女王的尊名）。至于以她的名字命名的地名就更多了：东非有维多利亚湖，南部非洲有维多利亚瀑布，南极洲有维多利亚地，印度洋岛国塞舌尔的首都叫作维多利亚，而香港岛的港口也叫维多利亚港——其实，严格来说，在香港回归之前，香港不是城市名，而是整个殖民地的名字；香港的行政中心（首府）的正式名字，本来就叫维多利亚！

寻访杜鹃山

杜鹃是一种特别容易引人注意的鸟类。这种总是把蛋产在别的鸟的巢穴里的"寄生性"鸟类性格怯懦,羞于见人,但是叫起来却毫不羞赧,声音洪亮无比。如果没有观鸟经验,便会只闻其声不见其影——比如自从我来到北京,已经听了十几年四声杜鹃(学名*Cuculus micropterus*)的"光棍好苦"的叫声,然而直到我早已不是光棍,连女儿都已经诞生的时候,我还是没有一睹过这位超级大光棍的尊容。

所以,无论东方西方,杜鹃都有很多模仿其叫声起的名字。在中国,大杜鹃(学名*Cuculus canorus*)又名布谷鸟,这"布谷"二字便是模仿其声;在日本,小杜鹃(学名*Cuculus poliocephalus*)被叫作hototogisu(ホトトギス),这也是模仿它的叫声;在英国,大杜鹃的名字则是cuckoo,这个名字和杜鹃属的拉丁属名*Cuculus*一样，也同样都是它的叫声的拟声。

　　杜鹃又是一种特别容易和植物挂起钩来的鸟类。因为它是候鸟，如果在温带地区听到它的叫声，那就表明春天已至、万物复苏了。中国人之所以选取"布谷"二字来模仿大杜鹃的叫声，便是兼寓有播种的时节已到之意。在英国，被叫作cuckooflower（直译过来就是"杜鹃花"）的植物至少有10种，它们之间的唯一共性，便是都在人们听到杜鹃叫声的时候开花。

　　不过，中国人认知的"杜鹃花"和这些cuckooflower没有一点关系。杜鹃花是一大类植物，全部都是木本，以灌木居多，但也有些种也可以长成大树。最为人熟知的杜鹃花是广布于江南山区的映山红，在春末夏初盛开的时候，漫山遍野都笼罩在一片红光之下。据说这花曾经被杜鹃啼出的鲜血染过（"杜鹃啼血"是著名的中国传说），所以才会这么红，也因此才会叫作杜鹃花。杜鹃花属的学名则是*Rhododendron*，这个词由古希腊语词根*rhodo-*（意为"玫瑰"）和*dendron*（意为"树木"）构成，直译是"玫瑰之树"，也是在摹状它的花色。

　　不过，杜鹃花的种类太多了，根据《中国植物志》的记载，全世界有大约960种杜鹃花，中国就有540多种。很多种类的杜鹃花的花色并不是红色，而是五彩缤纷，白色、黄色、暗红色、深紫色都有。然而，中国这数百种的杜鹃花绝大多数都集中分布在西南地区，特别是山高谷险、人迹罕至的横断山区，要看到它们可不太容易。

自从法国传教士谭卫道在四川采集了大量珍稀动植物的标本之后，西方人便意识到中国西南部山区是野生生物资源的宝库。20世纪初，3位英国"植物猎人"先后来到这里，采集了大量的植物标本和可供繁殖的种子、根茎，其中就包括许多漂亮的杜鹃花。这三人的名字分别是：威理逊（Ernest H. Wilson）、傅礼士（George Forrest）、金顿-沃德（Frank Kingdon-Ward）。

　　威理逊在1899年—1918年间先后来华5次，其中有3次到四川西部和西康东部（现在已经并入四川）采集植物。由他带回英国和美国的杜鹃花有大白杜鹃、山光杜鹃、美容杜鹃、宝兴杜鹃等。威理逊深深为中国深山中丰富的园林植物所征服，他把中国称作"园林之母"，并且感慨地说："在整个北半球的温带地区的任何地方，没有哪个园林不栽培数种源于中国的植物。"当然，正因为这样，他才要大量地采、采、采。因为威理逊在中国出色的采集活动，他被人叫作"中国威理逊"，连一个纪念他的植物属名也叫作Sinowilsonia（汉语名"山白树属"），其中的sino便是"中国"之意。

威理逊

傅礼士

傅礼士在1904年—1932年间来华7次，主要到了此前从未有人探索过的云南西北部和西部横断山区，所以尽管他采集的标本数（3万多份）还不到威理逊的一半，其珍贵程度却远超威理逊。傅礼士尤为注意采集杜鹃花，事实上，他7次旅行的后4次都是由英国杜鹃花协会资助的。傅礼士深知只有凭借熟悉本地植物的当地人帮助，他才能搜集到尽可能多的稀有杜鹃品种，所以他大量花钱雇用当地人为他采集，果然成效显著。由傅礼士带回英国的杜鹃花有200多种，包括似血杜鹃、凸尖杜鹃、朱红大杜鹃等，以及用他的姓氏命名的紫背杜鹃（*Rhododendron forrestii*）。傅礼士还在云南见到了一棵高达25米、树龄已有280年的大树杜鹃，让他惊叹不已。而他对待这棵杜鹃树的办法却是把它锯倒，锯下一段树干运回英国，陈列在大英博物馆里。这么多的杜鹃花被傅礼士送到了英国，而他本人却最终留在了中国——1932年1月5日，因为心脏病发作，他死在了云南西部的腾冲城里。

采集时间最晚的金顿-沃德，活动的地点也最西。他在1911年—1935年来华8次，除了到过横断山区外，也多次在西藏进行采集。他总共采集了100多种新的杜鹃花，包括毛柱杜鹃、假单花杜鹃、白喇叭杜鹃以及用他的姓氏命名的黄杯杜鹃（*Rhododendron wardii*）等。二战之后，金顿-沃德仍然几次前往缅甸北部和印度东北部的阿萨姆地区采集，并经历了1950年8月15日那场里氏震级高达9.6级的墨脱-察隅大地震。金顿-沃德一生写了25本书记录他的探险经历，其中包括著名的《绿绒蒿的故乡》。可惜，他的绝大多数书都还没有翻译过来。

唉，我已经不想再感慨中国宝贵的生物种质资源的流失了，这话说多了，也便成了陈词滥调。我想到的是，在世界上的960种杜鹃花里，毕竟还有400多种是中国没有的。今天的我们是不是也应该学一学英国这3位"植物猎人"（他们在英国都享有盛誉，傅礼士甚至被写进了给少年儿童看的科普书里），迈出国门，把这些异域的杜鹃花用文明的方式引种回来？

其实这个工作不算太复杂，因为这400多种非国产的杜鹃花，大多数都集中分布在分属于印度尼西亚和巴布亚新几内亚的伊里安岛上。而最近几十年来，不断有西方生物学家深入那里进行生物研究。仅就我所知，美国博物学家、名著《枪炮、病菌与钢铁》的作者贾雷德·戴蒙德（Jared Diamond）就曾在那里研究过鸟类和人类学；而在2008年，还有一支加拿大考察队专门到那里去采集蜘蛛。

可是，我们没有这样的考察队。我们的标本馆中，甚至连东亚邻国朝鲜、韩国、日本的标本都不全，遑论更远的巴布亚新几内亚！在经济腾飞的时候，我们的生物学研究还是如此"积贫积弱"。大国，真的不是一天就能造就的。

打狗打猫的传说

胡同是老北京的一景。老北京胡同的名字，自然也拥有丰富的历史底蕴。

究其词源，"胡同"一名可能是来自蒙古语qudduγ（按照今天的蒙古语发音，可以音译为"呼达格"），本义为"水井"（当然，也有人对此表示怀疑）。因此，"胡同"是蒙古人统治中原百年之间，从蒙古语进入汉语的众多词汇之一。比"胡同"用得更广泛的另一个蒙古语借词是驿站的"站"，这是蒙古语jam（本义为"道路"）的音译。明朝初年，官府发文，全国改"站"为"驿"，以恢复汉语中的古雅名称，但是在老百姓的口语中还是一直用"站"。这样到了现代交通工具传入中国之后，神州大地就只剩下火车站、地铁站、汽车站、公交站，而不再有"驿"了。反倒是在日本，"车站"这个词写成汉字还是"駅"（"驿"的繁体

"驛"的日本简化字），读音也是从中古汉语演化而成的eki（え
き）。当然，进入蒙古语的汉语借词更多，蒙古语甚至还模仿了
汉语构建"幸福"、"和平"之类双音节词的构词法呢。

回头再说老北京的胡同。有些胡同的名字颇为雅致，比如
"辟才胡同"、"礼士胡同"、"高义伯胡同"、"烂漫胡同"等，
让人觉得充满了举贤任能、义薄云天的热烈气氛。其实它们的
本名并非如此。辟才胡同原名劈柴胡同，因为觉得名称不雅，才
把"劈柴"改成了谐音的"辟才"。同样，礼士胡同本来是驴市胡
同，高义伯胡同本来是狗尾巴胡同，烂漫胡同本来是烂面胡同，
都是这样为附庸风雅而改名。其实，劈柴、驴市、狗尾巴、烂面至
多是通俗，却很难说是不雅，这些不过就是老百姓平时比较熟
悉的词汇而已。现在又有人嫌北京地名"公主坟"晦气、"奶子
房"恶俗，也都想改一改，我觉得是多此一举。

台湾也有一些地名，是从乡土地名"雅化"而来的。比如台
北东面的基隆，本来叫作"鸡笼"，乡土气十足，可是一旦改成同
音的"基隆"，就充满了立业光宗的感觉。台湾岛南边的高雄，本
来叫"打狗"，实在是太不够爱护动物了，但改成"高雄"之后，
感觉就完全不同了。

然而，在这种简单的感觉差异背后，打狗和高雄这两个地
名还有更复杂的历史。

先说"打狗"。传说明朝末年，郑成功进入台湾，为了威慑
当地的原住民，从大陆带了两只老虎过去。台湾没有老虎，最大

的猫科动物不过是台湾云豹。郑成功满以为这样可以把原住民吓住，谁知两只老虎到了台湾后，一只往北跑，一只往南跑，最后都被原住民活活打死了。往北跑的那只被当成大猫，被打死的地方后来就叫作"打猫"（位于台湾中部的嘉义县）；往南跑的那只被当成大狗，被打死的地方就叫做"打狗"。

当然，这只是民间望文生义的附会。根据学者的考察，"打狗"应该是译音，在当地的原住民语言中是指一种带刺的竹子，可以植作绿篱。"打猫"的本义我没有调查，但相信也应该是译音。

那么"打狗"怎么又改成了"高雄"呢？原来，1894年中国在甲午战争中败给日本，次年两国签订《马关条约》，台湾被割让给日本。日本在台湾采取了大量的日化措施，把地名改成日式地名就是其中的一步。"打狗"这个词的发音和日语中的"高雄"（たかお）很像，于是日本人就用"高雄"替换了"打狗"。同样，日本人还用"民雄"（たみお）替换了发音近似的"打猫"。1945年台湾光复之后，这两个日化的地名并未改变，沿用至今。

日本侵占台湾不久，就派出植物学家到台湾采集植物。先后到台湾采集的有牧野富太郎、川上泷弥、早田文藏、佐佐木舜一、工藤祐舜等。在他们采集到的新种中，就有很多是用日化的台湾地名命名的。比如台湾北部有座著名的高山叫作"南湖大山"，用日语罗马字拼写，就是Nankotaizan。很多采自这里的植物新种在被日本植物学家命名时，就用这个词作了种加词。又比如南湖斑叶兰（*Goodyera nankoensis*）、台湾对叶兰（*Listera*

nankomontana）、南湖柳叶菜（*Epilobium nankotaizanense*）等。
这些名字和"高雄"、"民雄"一样，在其背后正隐现着台湾一部
50年的沦陷史。

别了，洛克

在英国三大"植物猎人"先后到中国西南地区采集之后，1920年，彩云之南又迎来了一位重要的"植物猎人"——约瑟夫·洛克（Joseph F.C. Rock）。

和很多探险家一样，洛克的一生颇具传奇色彩。他本来是奥地利人，1884年生于维也纳。洛克出身贫寒，18岁开始在欧洲各地流浪，21岁又到美国。最终，在1907年，他来到夏威夷定居。凭借惊人的自学本领，他从夏威夷政府的一个植物采集员摇身一变成为夏威夷大学的一名植物学家。此外，他还掌握了包括汉语在内的多门外语。1913年，洛克获得美国国籍。

1920年，洛克辞去夏威夷大学的教职，接受美国农业部的派遣，到缅甸、泰国和印度阿萨姆地区去采集大风子树的标

洛克像／刘华杰提供

本。其间，他多次进入中国境内，被这里的自然和人文所折服。从1922年起，洛克便把中国选作他唯一的寻梦之地。在云南采集一年之后，美国刊物《国家地理》(就是那本以一个黄色长方形为标志的著名杂志)看中了他，决定为他提供探险所需的经费。就这样，在《国家地理》的资助下，洛克先后到过西藏、四川、甘肃、青海等地，比如以他的名字命名的岷山银莲花(学名 *Anemone rockii*)就采自甘肃南部的岷山山区。

《国家地理》资助洛克的前提条件，是要洛克为该杂志提供探险文章和照片。尽管洛克不是一个好探险家，连山峰的高度都测不准确(他曾经认为青海东南部的阿尼玛卿山比珠穆朗玛峰还高，然而经过后来的实测，阿尼玛卿山要比珠穆朗玛峰低2500米还多)，文章也写得不好，脾气又坏，但是他的摄影技术是一流的。更重要的是，他对中国西部这些秀美景色和其中的神秘"原始"人类文化的描述，能够满足美国城市里那些住大房、开汽车的中产阶级的精神需求。鲁迅曾经说过，有的西方人"愿世间人各不相同以增自己旅行的兴趣，到中国看辫子，到日本看木屐，到高丽看笠子，倘若服饰一样，便索然无味了"，虽然尖刻，却是实话。

甚至连洛克自己，一开始也和他之前众多的来华探险家（比如沙俄的普尔热瓦尔斯基、瑞典的斯文·赫定）一样热衷名利。即使他到过的是其他西方人已经到过的地方，也总是大言不惭地声称自己才是第一个到达的白人。然而，在中国居住久了，洛克渐渐地真正热爱起这里的风景和这里的人民。他非常佩服云南丽江的纳西人的生活方式，赞叹魅力无穷的东巴文化。于是，他向《国家地理》提出请求，要求资助他对纳西东巴文献的研究，可是《国家地理》对此却完全不感兴趣，拒绝了洛克的要求。

恰恰在这个时候，洛克已经为美国的植物学研究机构采够了他们所需的标本，于是美国农业部也果断地解除了和洛克的合约，抛弃了这个走火入魔的怪人。这样，到了20世纪30年代初，洛克的两个主要收入来源便完全断绝。资本主义社会的冷酷无情，使洛克不准备再回到美国。他变卖了全部家产，带上所有积蓄到云南丽江卜居。从此，洛克不再关心植物学，而是成为一位专职的人类学家。在纳西文化的熏染之下，洛克再也没有了不可一世的白人中心主义思想，而是成为一位虔诚的文化相对主义者和和平主义者。他尖锐地反对西方传教士在云南传教，甚至如此夸赞恪守民族传统文化的纳西人："纳西是一个温良谦和的民族，具有比大多数白种人更高的道德标准。"

时间就这样流逝到了1949年，红色政权的狂飙即将席卷彩云之南。洛克虽然为少数民族即将赢得解放而高兴，但非常清楚自己已经不可能在这里继续居住了。这年7月，洛克坐上美国专门派来的飞机离开丽江。从此，他告别了断断续续生活了27年之久的中国，回到了美国夏威夷。

晚年的洛克经济条件不太好。为了能让自己研究纳西文化的专著出版，他不得不变卖了自己亲手收集的数千卷东巴经书。当他病重的时候，终日思念的还是丽江，以及那绚烂的纳西文化。他在给友人的信中写道："如果一切顺利的话，我会重返丽江完成我的工作……我宁愿死在那风景优美的山上，也不愿孤独地呆在四面白壁的病房里等待上帝的召唤。"然而，他的愿望再也没有实现的可能了。1962年12月5日，一世漂泊、终身未婚的洛克在夏威夷去世，结束了他孤独的一生。

50年过去了。今天的丽江已经成了历史文化名城，被联合国教科文组织列为世界文化遗产。无数中国自己的中产阶级（或者叫"小资"）慕名前来，在看到已经因商业化而变味的古城之后，又半是满足、半是抱怨地匆匆离去。洛克对纳西文化的研究，也已经得到了学界的承认。事实上，他通过辛勤的观察，把许多后来在"文革"期间毁灭的纳西文化的原貌记录了下来，仅这一点就价值无限。2009年，夏威夷大学宣布，将洛克一手创建的夏威夷大学植物标本馆命名为"洛克植物标本馆"。2011年，"左手哲学，右手花草"的北京大学哲学系教授刘华杰专门前往夏威夷，瞻仰洛克的故居，在温煦的海风中寻找洛克留下的传说。

我如果是洛克，一定会感到欣慰。

西藏往事

我在中国科学院植物研究所求学期间，研究的题目是西藏植物采集史。之所以选择西藏，一个重要原因在于这里是西方植物采集家相对来说到得比较少的地方。环境恶劣，加上政治封闭，使得连普尔热瓦尔斯基这样蛮横的探险家都无法深入考察，只能在这片神秘土地的边缘匆匆掠过。直到1951年西藏和平解放的时候，西藏广大的内陆地区还是植物采集家从未到过的处女地。正因为有这样的基础，西藏的植物采集才能够成为一场由中国植物学家唱主角的历史剧。

然而，细考起来，我们会发现，仍然还是有很多的西方"植物猎人"曾经到过这里。他们的活动和西藏那段波诡云谲的历史相始终。

　　从18世纪开始,西藏外围的一些清朝藩属之地(如尼泊尔、锡金、不丹)就陆续遭到西方殖民者的蚕食。首先是18世纪中叶英国东印度公司控制了印度恒河和布拉马普特拉河下游的孟加拉平原地区,并进一步取代莫卧儿帝国控制了印度其他地区。1774年,东印度公司雇员波格尔(G. Bogle)经不丹进入日喀则,这是英国势力第一次进入西藏地区活动。1814年英国向尼泊尔发动战争,使尼泊尔在1816年被迫签订和约,割让了西部大片土地,英国势力由此便同西藏直接为邻。这样到鸦片战争发动前后,西藏的西部和南部边境已经被英国势力包围,尼泊尔、锡金虽然名义上独立,但都被英国控制。

　　据学者考证,第一个进入西藏采集的植物学家是英国的约瑟夫·虎克(Joseph D. Hooker,他是达尔文的好友),时间在1848年。他是从锡金进入西藏一隅采集植物标本的。

约瑟夫·虎克

　　19世纪70年代以后,清政府的政治危机加深,而英国势力对西藏的渗透也愈加深入。在19世纪80年代,英国成功地挑拨了统治西藏的达赖和班禅两大系统之间的关系。1888年,英国在西藏和锡金交界的隆吐山发动战争;1890年中英议和,签订《中英会议藏印条约》,不仅使锡金正式和中国脱离关系，而且割让了后藏不少土地。从此西藏上层对清政府开始产生不满情绪。3年后，中英又签订《中英会议藏印续约》。

据考证，英国军官鲍尔（H. Bower）和医生索罗尔德（W.G. Thorold）是最早到达拉萨的植物采集家，他们于1891年从克什米尔进入西藏，经过位于藏西的西藏第二大咸水湖色林错到达拉萨，再取道昌都出藏。放在今天，这也是极好的一条"西藏游"线路。1896年，两位英国军官威尔比（M.S. Wellby）和马尔科姆（N. Malcolm）更是横穿了藏北无人区。虽然他们不是最早横穿藏北无人区的西方探险家，却是最早在那里采集植物标本的人。

进入20世纪，英国更是悍然发动侵藏战争，在1904年攻占江孜，进抵拉萨。侵略者迫使西藏上层僧侣绕开中央政府，直接与他们签订了《拉萨条约》。1906年，英国强迫清政府在承认《拉萨

拉德洛（中间回头者）在西藏留影

条约》之余，又签订《中英新订藏印条约》，1908年又签订《中英修订藏印通商章程》。至此，英国势力完全进入西藏地区。

英国人拉德洛（F. Ludlow）就是在这个时期进入西藏采集的探险家之一。由他率领的考察队于1930年－1949年间在西藏东南部植被条件较好的地区采集了大量标本。这些标本质量很好，很多至今还未得到清理研究。珍贵美丽的波密杓兰，就以他的姓氏命名为*Cypripedium ludlowii*。

产于中国北方的**大花杓兰**，是波密杓兰的近亲。杓兰的"杓"字，音义均与"勺"字同，按《现代汉语词典》，它是"勺"的异体字，但是在生物学界，"杓"字用得十分广泛，比如动物学界也有"杓鹬"之名。是否应该修改异体字规范，允许在生物名称中保留"杓"字呢？

第二篇

植物外谈

维京人和鲁迅

欧洲人最早到达美洲是什么时候？如果你说是哥伦布船队到达"西印度群岛"的1492年，那就错了。公元10世纪的时候，北欧海盗维京人已经发现了美洲最东北角的格陵兰岛，并在那里建立了殖民地。因为后来全球气候转冷，这些维京移民在15世纪全部死绝了，他们的存在因此成了人类文明发展中一段失落的历史。对了，也许你曾听说过，这次全球性的气候变冷，据信也是导致原先在草原上游牧的蒙古族为了生存被迫南下入侵农业文明，从而建立横跨欧亚大陆的蒙古帝国的根本原因。

其实科学发现也是这样：如果你的成就不能为其他人所知，不能和同行共享，那么你很可能会在科学史上失去应有的地位。只有在后来的科学史研究者埋首古文献的时候，你的名字才会被重新发现，勉强在科学史著作中用一两句话带过。用豌豆做遗传学实验的奥地利教士孟德尔就差点成了生物学界的维京人，他在1866年正式发表的研究报告，要到34年之后才得到生物学界的广泛注意，成为遗传学的奠基之作，而那时候孟德尔已经去世16年了。而鲁迅也许可以算作中国植物学界的维京人。

"伟大的文学家、思想家、革命家"鲁迅其实是个理科生。他在10岁的时候就开始看《花镜》之类的植物图谱，养成了种花的爱好；18岁时考入南京矿务铁路学堂，这使他对中国的矿产颇有研究，后来还第一次提出黄土高原的第四纪风成说；24岁时又在日本仙台学医，著名散文《藤野先生》就是根据这段经历写成的。鲁迅在29岁时（1909年）回国，在浙江两级师范学堂任教。在此期间，他经常和讲授植物学的教师一起带学生出去采集植物标本，采回来之后还亲自参与鉴定工作。其中一些标本现在还保存着。可惜，此时的鲁迅已经弃理从文了。1912年鲁迅北上北京，开始了他十多年的公务员生涯，再未做过科学研究。如今，无论是他对黄土高原由来所做的假说，还是他的标本采集活动，都不见于多数科学史著作。我是从人民文学出版社的《鲁迅年谱》中才知道这些轶事的。

如今，要说中国最早采集植物标本的人，植物学界往往会说是钟观光。钟观光（其姓氏的外文习惯拼作Tsoong）是中国现代植物学的奠基人之一，在中国植物学史上具有不可磨灭的伟大贡献。但是据中国科学院的薛攀皋先生考证，他采集植物标本的时间其实很晚，是在1912年才开始的，而大规模的采集更是要到1918年到北京大学任教之后。在钟观光之前，有一位名叫张之铭的学者曾在浙江宁波地区采集过植物标本，另一位名叫黄以仁的学者也曾在江苏、山东一带采集过植物标本。由于当时国内图书文献标本资料十分匮乏，无奈之下，张之铭和黄以仁只好把标本寄给日本植物学家松田定久鉴定。后来松田定久在1909年和1911年先后发表了张、黄二氏所采集的植物的名录。

不过，张之铭后来并未在植物学界发展。他是民国著名的藏书家，其书室号为"古欢室"。黄以仁虽然到河南大学农学系任教，但与中国植物学界的联系也不太紧密。钟观光则不然，他不仅一直是植物学人，两个儿子钟补勤、钟补求也都是植物学家，所以他的名字一直为业内人士所知。于是，不仅是鲁迅，连张之铭、黄以仁的采集活动也逐渐被人遗忘了。

然而，如果不算受外国学者委托在云南采集植物标本的中国天主教神甫邓西蒙，张之铭和鲁迅是中国最早的植物标本采集者吗？恐怕也不一定。也许在挖掘史料之后，还能发现其他更早的采集活动。但有一点可以肯定，在"辉格式"（whiggish，指按照学者对当下的科学贡献大小来评价他们的地位）的科学史上，他们注定不会留下太多痕迹。

1923年，为了纪念钟观光先生，美国植物学家梅尔（E.D. Merrill）把一种灌木的属名命名为*Tsoongia*（假紫珠属）；1963年，中国植物学家陈焕镛又把一种乔木的属名命名为*Tsoongiodendron*（观光木属）。我不禁想，如果有人能再命名一棵"鲁迅木"就好了；有可能的话，最好还能有纪念张之铭、黄以仁的植物学名。

此是君家木

　　《世说新语》中有这么一则有趣的故事：东晋初年有个叫孔坦的人，有一天去拜访一位姓杨的朋友。不巧，这位朋友不在家，招待他的是朋友的儿子，年方9岁。孔坦见这小孩子摆上来的果品中有杨梅，就指着杨梅打趣道："此是君家果。"（这是你家的果子。）不料这小孩子应声答道："没听说孔雀是您家的鸟啊。"

　　无独有偶，唐代大诗人杜甫早年裘马清狂的时候，也曾经写过两首诗叫《题张氏隐居》，是多次拜访一位姓张的隐士之后的答谢之作。在第二首中，杜甫也拿自己和对方的姓氏开玩笑："杜酒偏劳劝，张梨不外求。"原来，传说夏代君王杜康造酒，所以"杜康"后来就成了酒的别名；而在两晋南北朝时期，"张公大谷梨"是很有名的一个梨的品种，北魏贾思勰的农学名著《齐民要术》中就有记载。知道了这两个典故，杜甫的幽默就很好理解了：酒明明是我们杜家的，偏要劳您来劝；好梨本来就是你们张家的，不用向外家求助就可以吃到了。

现在让我们来到20世纪的美国。在波士顿的郊区，有一个幽静的园子，里面种满了来自世界各地的奇花异木。这就是哈佛大学阿诺德树木园，它不仅是园艺学家的圣地，直到今天还是世界主要的植物分类学研究机构之一。1923年，树木园迎来了一位风华正茂的年轻人，他就是中国植物学的奠基人胡先骕（读音sù）。

胡先骕，字步曾，号忏盦（读音ān），江西南昌人。1909年考入京师大学堂（北京大学的前身）预科。毕业后，于1912年考取公费留学生，首度赴美，在加利福尼亚大学伯克利分校农学院学习，获学士学位。1923年到哈佛，已是二度赴美深造了。

胡先骕在这里对中国的植物进行了首次的全面整理，成绩斐然，次年即获硕士学位，再次年又获博士学位（这个速度恐怕会令今天的许多留学生羡慕）。他在树木园还结识了很多朋友，其中有

青年胡先骕

一位德国来的雷德尔（A. Rehder）。这位雷德尔的经历颇有传奇色彩：他在德国本以给报纸写作为生，应聘阿诺德树木园时，起初干的只是体力活。后来树木园的人发现他很有学术研究的才华，虽然不再让他当壮工了，却只是让他到欧洲去给图书馆买书。但是在胡先骕见到他的时候，他已经是一位颇有名气的园艺学家和植物分类学家了。这听上去不可思议，但这样的事在植物分类这样的博物学领域却是屡见不鲜。博物学研究一般不需要太高的门槛，最重要的是兴趣和毅力。说句略微夸张的话：只要有兴趣、有毅力，坚持十几年、几十年，人人都可以成为博物学家！

回国之后，胡先骕先是在南京任教。1928年，北平（今北京）成立静生生物调查所（"静生"一名是为了纪念近代教育家范源廉，范源廉字静生），胡先骕北上任职，成为静生所的掌门人。此后20多年间，在胡先骕的主持之下，静生所成为中国北方的两座植物学研究重镇之一，与北平研究院植物学研究所交相辉映。胡先骕知识渊博，学养深厚，甚至在1946年抗日战争结束后不久，静生所刚刚从后方迁回北平、百废待兴的时候，还能够利用手头不多的文献，准确鉴定出特产中国的"活化石"树种水杉（学名*Metasequoia glyptostroboides*，由胡先骕和林学家郑万钧共同命名），轰动全球。水杉的命名也就成为胡先骕最得意的事情之一，直到1961年，他还写了长篇古体诗《水杉歌》记录此事。

水杉只是胡先骕命名的众多植物之一。1932年，胡先骕发现了中国植物的一个新属,起名为*Rehderodendron*。这个词中的*dendron*是古希腊语"树木"之意,而Rehder是胡先骕在哈佛的老朋友雷德尔的姓氏,所以这个属名的意思是"雷德尔家的树",汉语名为"木瓜红属"。有趣的是,3年之后,雷德尔也命名了一个新属,起名为*Huodendron*,那意思自然就是"胡家的树",汉语名为"山茉莉属"。

这实在是植物学界的一段佳话,可以和"杨梅孔雀"、"杜酒张梨"的故事相媲美——不,比它们更美,因为"杨梅孔雀"、"杜酒张梨"只是文字游戏,而这木瓜红和山茉莉的学名实实在在就是用对方的名字命名的,真的是"君家木"!

为科学而献身

　　我小时候看过老一辈著名科普作家叶永烈先生的散文《为科学而献身》，里面讲述了好几位科学史上为了科学探索不畏死亡，甚至英勇捐躯的例子：为了宣传新天文观、反对天主教会的反动统治，布鲁诺被烧死在鲜花广场；为了探索雷电的本质，俄国科学家利赫曼不幸被雷击身亡；一生研究放射性物质的居里夫人，最终死于受到过量辐射而引起的白血病。

　　现在想来，其实各行各业都有为了自己的事业殒身不恤的例子，比起从事高危工作的矿工、警察、记者等职业来，科学家不算是一个太危险的行当。然而，不管什么行业，死在工作岗位上往往都是一件令人起敬的事情。2012年，中国第一艘航空母舰正式入列，歼-15舰载机成功完成了起飞和着舰作业，而歼-15项目的总负责人罗阳，却在舰上因心脏病突发而逝世。几乎同一时间，3名在沱沱河地区进行勘探工作的地质队员先是失踪，后来发现全部遇难。他们都得到了很多网友自发的悼念。

在植物学界，自然也有为科学献身的烈士。民国时期中国的植物学研究机构，在北京是静生生物调查所和北平研究院植物学研究所，在广州则是中山大学农林植物研究所。中山大学农林植物研究所是今天的华南植物园的前身，成立于1929年，创立者是中国第一代植物学家之一的陈焕镛先生。从研究所还在筹办阶段的1927年到1933年，短短6年时间，研究所就积累起15万份、6万多号（同一号标本经常有不同的复份）的植物标本，其中很多都是研究所员工（有时候是所长陈焕镛亲自率队）深入深山老林不辞辛苦采集的成果。

在广州还有一家美国人办的教会大学叫岭南大学，其中也有研究中国华南植物的人。起初这些美国人瞧不上陈焕镛，但是后来他们发现陈的研究所办得比他们的还好、研究成果比他们还丰富时，就坐不住了。他们主动找到陈焕镛，要求划分"势力界限"，各自负责一个区域的植物采集，甚至还要求彼此在不同的季节采集。这些无理的要求自然为陈焕镛所拒绝。

1936年，研究所迎来了中国植物采集史上"最悲壮的一页"。这年春天，研究所聘请当时在贵州安顺府志局工作的邓世纬担任"贵州调查员"，请他在贵州各地采集植物标本，期限为3年。邓世纬时年不过20多岁，但是已经有丰富的标本采集和管理经验，又已经和研究所有一年的良好合作，所以请他做这个工作最适宜不过。

起先，邓世纬在黔中自然条件较好的贵阳、龙里等地采集。标本寄到广州之后，"佳品比之去年更多"，令研究人员赞叹不已。接下来，邓世纬原本打算到黔南的都匀、独山一带采集，但是当时红军长征正经过贵州，黔南是国民党负责"围剿"的桂军的大本营，兵荒马乱，很不安全。思量之下，邓世纬决定先回贵阳，再计划到黔西南的贞丰县采集。

8月23日，邓世纬与助手杨昌汉、徐方才、黄孜文等一行7人从贵阳出发，深入贞丰最茂密的山林采集。然而，此时正是当地"瘴气"最盛之时，在缺少防护的情况下，采集队成员先后染上了令人闻之色变的"瘴疬"（恶性疟疾）。10月13日，杨昌汉与徐方才最先罹难，当时邓世纬还负责将2人的棺木运回贵阳。但是很快，邓世纬本人也发病，10月17日与黄孜文相继病逝。与此同时，调查队的其余3人也病危。消息传到广州，研究所的同事"无不同声哀悼"，感叹"国内为采集而死，未有如此惨者"！

很快，抗日战争爆发，广州屡遭日军飞机轰炸。为了保护辛辛苦苦采得的标本，陈焕镛不辞辛苦，派人将全部标本转运到当时尚处在英国统治之下的香港。然而1941年太平洋战争爆发，日本对英宣战，香港也被占领，标本被日军查封。摆在陈焕镛面前的有两条路：一条是为了高贵的名声一走了之，听任标本被日本人掠夺；一条是为了替中国的植物学事业保存珍贵材料，忍辱负重与日本人和伪政府合作。陈焕镛选择了后者。在伪广东教育厅厅长林汝珩的建议之下，陈焕镛把标本又全部运回广州，并忍痛出任广东植物研究所所长，兼任伪广东大学教职。由于其情可原，抗战胜利之后，诸多教育界、法律界知名人士替陈焕镛说情，当局最终在1947年决定对陈焕镛出任伪职的行为"不予起诉"，避免了一桩冤案。

就在命运未卜的1946年，陈焕镛从邓世纬1935年采集的标本中发现了一个新属，就用邓世纬的姓氏命名为*Tengia*，汉语名"世纬苣苔属"。如果要用一件事物高度概括民国时期陈先生领导的中山大学农林植物研究所的业绩，我想这种生长在黔中贵定县山区的美丽植物是最合适不过的。

"千古蕨唱"

2012年10月，从美国的杜克大学传出消息：一个研究蕨类的团队（其中包括一名台湾留学生李飞苇）已经决定，把一个蕨类的新属用当红歌手嘎嘎小姐（Lady Gaga）的艺名命名为 *Gaga*。这个新属一共有19种，其中17种是从别的属转移过来的（相当于为它们"改姓"），还有2种是新发现的。这新发现的2种，一种命名为 *Gaga germanotta*，Germanotta是嘎嘎小姐的本姓，也就是嘎嘎小姐父母的姓氏，命名人用它来纪念嘎嘎小姐的父母；另一种命名为 *Gaga monstraparva*，第二个词在拉丁语中是"小怪物"之意，而嘎嘎小姐的歌迷的自称正是"小怪物"。

喜欢听流行音乐的科学家非常多，用和流行音乐有关的事物为新发现命名并不是稀罕事。1974年11月的一天，一个法美联合考古队伍在埃塞俄比亚发掘出了一具雌性古猿化石，这是迄今为止发现的最完整的古猿化石。当天晚上营地里反复响亮地播放着英国摇滚乐队披头士的歌曲《露西在缀满钻石的天空》（*Lucy in the Sky with Diamonds*），于是他们决定把这具化石命名为"露西女士"。1996年7月，世界第一只克隆哺乳动物——多莉（Dolly）绵羊在英国诞生，之所以命名为"多莉"，是因为克隆这只绵羊用的细胞核取自一只母羊的乳腺细胞，于是研究者来了灵感，用长着一对傲人巨乳的美国乡村歌手多莉·帕顿（Dolly Parton）的名字来为它命名。

那么，这一群主要生长在美国西南部到中美洲的干旱地区的蕨类植物，又和嘎嘎小姐有什么关系呢？在论文中，研究者找了几个冠冕堂皇的理由，什么嘎嘎小姐捍卫了平等和个人表达自由的价值啦，什么嘎嘎小姐对保护人类文化多样性的呼吁和科学家努力探索生物多样性的工作类似啊，什么用歌星的名字命名可以增加公众对科学的理解啊。但是只要你看了杜克大学公布的一张图片就会明白真正的原因：原来嘎嘎小姐曾经穿过的一件样式奇特的演出服，无论颜色还是形状都酷似这群蕨类植物的原叶体！

原叶体是什么东西呢？这就要谈到蕨类植物的特性了。蕨类植物是一类大型的陆生植物，有的甚至可以长成高大的树木。但是它们和种子植物不同，从来不结种子，更不开花，而是靠孢子繁殖。当蕨类植物的孢子落到土壤里，条件合适时，就会萌发，长成小小的原叶体。原叶体会产生精子和卵子，二者结合之后再长成大形的"孢子体"，也就是通常我们看到的植株。因此，蕨类植物的生命会在孢子体和原叶体两个"世代"间来回反复，仿佛在人和蚂蚁之间来回转世一样。

因为蕨类没有花果，没有最形象直观的用来分类的特征，种类又很繁多（全世界有1万多种），所以它的分类研究比较困难。直到20世纪初，植物学家对蕨类的分类还是一笔糊涂账。面对这一大群看上去差别不大的植物，很多学者都望而却步。

然而，年轻的中国植物学家秦仁昌却知难而进，勇敢地承担起了梳理世界蕨类植物的重任。秦仁昌是中国的第二代植物学家，1923年还在南京金陵大学读本科时，就经陈焕镛先生介绍，到东南大学担任助教。1929年，秦仁昌赴欧游学，大量结交同行，查询标本和文献，积累了大量的经验。1932年回国之后，他又到胡先骕先生主持的静生生物调查所工作，1934年代表静生所和江西农业院一起创办了庐山植物园（如今已经成为庐山的名胜）。1938年10月，在赣北大部沦陷、庐山危在旦夕之时，又西徙云南，在丽江建立了植物园丽江工作站。虽然时局动荡、公务倥偬，但秦仁昌在科研上一直没有松懈，到1940年时终于发表了著名的"秦仁昌系统"，把混乱的蕨类植物初步理清了头绪，这是世界蕨类研究的重大突破，在国际上引起了巨大反响。在民国年间的中国生物学研究中，秦仁昌的蕨类研究是少数具有世界先进水平的成就之一。

秦仁昌不仅为中国学者争得了国际荣誉，也为中国培养了一支强大的蕨类植物研究队伍。今天，中国研究蕨类的学人，考其师承，几乎都可以追溯到秦仁昌先生。在发表*Gaga*新属的论文里，我看到了张宪春、张钢民两位学人的名字，张宪春是秦仁昌学生朱维明的学生，而张钢民又是张宪春的学生。于是，当大众媒体争相报道这个用来纪念歌星的蕨类植物新属时，我却从论文里面听到了真正的"千古蕨唱"——秦仁昌先生传承不息的学术血脉。

见证胜利的竹子

正如北京人都知道7月7日是什么日子一样，上海人也都知道8月13日是什么日子——1937年的这一天，日寇发动了对上海的进攻，淞沪会战开始。

其时，住在中华民国首都南京的人都知道，上海一旦被攻克，南京必不可保。在这千钧一发之际，位于南京的中央大学（今南京大学和东南大学的前身之一）校长罗家伦率领全校师生，开始了向重庆进发的可歌可泣的大撤退。当时在中央大学生物系任教的禾本科分类专家耿以礼、耿伯介父子，也是撤退大军中的两员。

这里要介绍一下：在植物分类学中，"科"是比属更高的一个分类单元。正如若干种可以组成一个属一样，若干属也可以组成一个科。一说到禾本科，很多人会想到水稻、小麦、玉米等粮食作物，或者茫茫草原上那些原本高可遮蔽牛羊的牧草。其实还有一类重要的植物也是禾本科大家族的成员——这就是竹子。在不熟悉竹子的人（特别是北方人）眼里，竹子长得似乎都一样，但分类学家在仔细研究后发现，全世界的竹子竟然多达上千种，而且其中一半种类都可以在中国找到。无怪竹文化能成为中华文化的重要组成部分了。

在这许多种类的竹子中，有一种叫"箬竹"的竹子是全中国人都熟悉的，因为它的叶子比别的竹叶宽得多，所以可以用来包粽子。在植物分类学上，箬竹属于箬竹属，这个属一共有20余种，中国都有出产。在北京公园里你往往能见到一种高仅1米左右的大叶竹子，那也是箬竹属的成员。

话说两位耿先生在重庆安顿下来之后，很自然地对西南地区的茫茫竹海展开了调查工作。1945年5月，"小耿"耿伯介在

北京大学栽培的箬竹属植物

重庆歌乐山上采到了一种箬竹，研究之后发现竟然是此前从未发现的新种。这时候，侵华日寇在给中国带来8年深重灾难之后，终于无条件投降了，胜利的喜悦笼罩着每一个中国人，也洋溢在耿伯介的心里。他决定把这种新发现的竹子的学名命名为 *Indocalamus victorialis*，前一个词是箬竹属的学名，后一个词则是拉丁语"胜利的"之意，所以今天我们就管这种竹子叫"胜利箬竹"。

由于时局动荡，发表胜利箬竹新种的手稿一直压在耿伯介手里，直到1951年才在《植物分类学报》创刊号上发表。尽管已经过了5年之久，但从发表文章的字里行间，仍然可以感受到耿伯介当年命名时的兴奋之情。就这样，中国特产的植物，再一次和中国的历史联系到了一起。

关于耿氏父子，还有一件有趣的命名故事。有一类叫做"隐子草"的禾草，它在开花时，只有部分禾穗（花序）露在外面，如果你剥开它的上部叶子，会发现里面还有一些隐藏的禾穗，这就是"隐子草"一名的由来。它的属名是 *Cleistogenes*，来自古希腊语 *kleistos*（闭合的）和 *-genēs*（出生），指示的也是同样的特性。

然而，在植物学上正好也有一个术语叫 cleistogenes，意思是闭花受精植物。国际植物命名法则规定，拉丁文植物学术语不能用做属名（太古老的除外），这样是为了避免有人在无意中发表植物的新名称。可能乍一看不容易理解这一点，但我举个例子你就明白了：《史记·淮阴侯列传》中有一句话，说常山王张耳和陈余反目，陈余出兵攻打张耳，张耳"奉项婴头而窜"。很多人把这里的"项婴"误当成人名，以为张耳逃跑时还带了一个叫"项婴"的人的人头；实际上正确的断句为"奉项／婴头而窜"，意思和"抱头鼠窜"相同。假定中国人规定，有日常用语含义的汉字不能作姓，只有像冼、邝、逯、禤这样的专用字才能做姓，那么人们也就不会把"项婴"误当成人名了。

于是在1960年，加拿大植物学家、研究北极圈植物的权威约翰·帕克（John G. Packer）提出，*Cleistogenes*这个属名是"不合法"的，应该废弃。废弃这个名字的话，就要提出一个新的名字。帕克决定用耿氏父子的姓名来命名这个属，就是*Kengia*。

可惜，帕克是好心办坏事，因为国际植物命名法则规定，必须是拉丁文植物学术语才禁止用做属名，而cleistogenes是个英文植物学术语，所以不在被禁之列。因此，*Cleistogenes*这个名字是没有问题的，*Kengia*反倒成了一个多余的、必须废弃的名字。更麻烦的是，以后起新属名时也不能再用这个名字了！

为了弥补这个缺憾，1990年，两位禾草研究者颜济和杨俊良又建立了一个*Kengyilia*属，用来纪念"老耿"耿以礼，汉语名字叫"仲彬草属"（耿以礼字仲彬）或"以礼草属"。将来会不会再有人再发表一个"伯介草属"呢？希望如此。

南国的契丹树

2010年春节的时候，我到了内蒙古赤峰市的宁城县，看到了辽代建筑大明塔。当年的大明塔位于辽中京外城内；今天塔还在，城却不存在了，只剩下城墙的土质残垣，在农田之间突兀耸起。和中京城一同消失的还有建立辽国的契丹人。今天大明塔周围的村民已经都是汉族人了，一到春节，就会在窗户和门上挂起满具东北特色的"挂钱"（一种剪纸）。

不过，"契丹"这个名字却在很多中亚和欧洲的语言中留了下来。甚至到今天，有些外来

位于辽中京遗址的大明塔

语中还管中国叫"契丹"，比如在俄语中中国就是 **Китай**（"契达伊"）。对此感到憋屈的朋友不必着急，俄罗斯人是从中亚人那里借来这个名字的，同样，我们也从中亚人那里借来了"俄罗斯"这个名字。其实俄罗斯本来只叫"罗斯"（俄罗斯历史上第一个封建国家就是公元9世纪到13世纪的"基辅罗斯"，因为以今天乌克兰的首都基辅为国都而得名），这个名称的第一个音是大家熟知的那个舌尖打卷的颤音。中亚的阿尔泰语系诸语言虽然也有这个音，却没有把它放在词首的习惯，所以就在前面又加了个"俄"的元音，我们借来的正是这个被篡改过的名称——这样扯平了吧。

在中世纪的西方，"契丹"（Cathay）则只是指长江以北的中国北方。这个词有这样的含义，和元朝时来华的威尼斯人马可·波罗有分不开的关系，因为正是他在他那著名的《马可·波罗游记》中，把中国北方叫"契丹"，中国南方叫"蛮子"（Mangi）的。因为马可·波罗详细描绘的金碧辉煌的元大都就在"契丹"国里，所以在西方人眼中，"契丹"一直是个美妙而神秘的国度，这个名称也就或多或少带有褒义。直到18世纪，欧洲人才开始看清中国的真相——物产丰富是真，制度却相当落后。于是欧洲人先是不以为然，继而终于用坚船利炮洞开了中国的大门。不过，Cathay这个词倒没有因此失去其褒义。

1954年，广西农学院经济植物研究所副所长钟济新教授带领学生到桂林附近的临桂县宛田圩村实习。在当地农民的指点下，他们在距宛田圩5000米的地方发现了一片原始森林——这就是后来建为国家级自然保护区的花坪林区。

也是在这一年，中山大学农林植物研究所改建为中国科学院华南植物研究所（现华南植物园），陈焕镛任所长；广西农学院经济植物研究所改建为华南植物研究所广西分所（现广西植物研究所），陈焕镛兼任所长，钟济新出任副所长。第二年，也就是1955年春，华南所和广西分所共同向花坪林区派出了调查队。在钟济新等人的带领下，这年5月中旬，考察队员邓先福和李志佑在林区发现了一棵奇特的"杉树"幼树。第二天，又发现了高大的母树。

1956年春，人们在花坪林区进一步发现了这种奇特树种的更多植株，甚至还发现了一小片混交林。同年夏，钟济新将这批珍贵标本寄给陈焕镛。陈焕镛和中国科学院植物研究所的匡可任在研究了这批标本之后，证实它和10年前发现的水杉一样，也是一种新的、原先认为已灭绝的活化石植物。于是他们骄傲地给它起名为*Cathaya argyrophylla*，汉语名是"银杉"。在这个名字里，*Cathaya*是属名，大意就是"契丹树"；*argyrophylla*是种加词，意思是"叶片银色的"，指的是银杉叶片下表面大部分为银白色，远远看去，整个树冠也都因此蒙上了一层银白的色调。1957年，陈焕镛在苏联植物学年会上宣读了发现银杉新属、新种的论文。1958年，银杉的学名在苏联的植物学杂志上正式发表。

一种零星产于中国西南部广西、贵州和重庆等省区山区的树木，却以西方人称呼中国北部的"契丹"为名，初一琢磨，似乎有些名不副实。但是如果深究它的"家世"，却又令人感喟。在几百万年前的第三纪，银杉类曾经广泛分布于北半球的欧亚大陆，其中自然也包括中国北方。那时候，它是地地道道的"契丹树"（虽然那时候还没有智人，更没有契丹人）。然而，在距今300万年至200万年的冰期中，不耐寒的银杉在中国北方全部死绝，仅在西南一些地形复杂的山区局部幸存下来……

于是，银杉这样一种美丽的史前树种，在今天就孤独地生活在一个不属于它的时代，而且也正如它的学名所示的那样，一棵北国的"契丹树"，如今却孤独地生长在南国云雾缭绕的山岭。

走在大学的校园里

2012年11月的一天，我走在北京大学的校园里。在博实超市门口马路对面，一位相貌平实的女孩拦住我，微笑地问："请问您听说过《圣经》吗？"

如果她指的是《新旧约全书》，那我不但听说过，甚至还读过部分篇章的拉丁文。但是我知道她想干什么。我并没有像网上的段子教的，以更热烈的情绪回问："请问您听说过安利吗？"而是一言不发，转身走掉。

其实，北京大学的校园本来并不在现在的位置，而是在北京市中心，二环里面。现在的北大校园北部原先其实是燕京大学的校园，比如燕南园就是燕京大学的教师宿舍区。1952年全国院系调整，燕京大学被撤销，不同的院系分别并入北京大学和清华大学，北京大学才从市中心搬到了燕京大学校园里。

燕京大学之所以被撤销，主要原因在于它是一所教会大学。清末西方侵略者强行打开中国国门，传教士随军队一同进入中国，不仅带来了洋教，也带来了西方的科学。民国时期，中国有许多教会办的大学，很多是用古雅的地理名称命名的——除了北京的燕京大学，还有南京的金陵大学、金陵女子文理学院，上海的震旦大学、沪江大学，苏州的东吴大学，广州的岭南大学等。

这些教会大学往往很早就开设了生物学系和农、林学系（比如燕京大学生物学系于1923年设立，就比北京大学早2年，比清华大学早3年），为中国培养了一大批优秀的生命科学人才。前面提到的研究蕨类的大师秦仁昌，本科就毕业于金陵大学。

燕南园54号院，著名史学家洪业曾在此居住

不过在教会大学毕业的华人植物分类学家里，我印象最深的还是那位以研究冬青著称的女分类学家胡秀英。

胡秀英于1908年生于江苏徐州农村的一个基督教家庭，是家中的第三代基督徒。受宗教信仰的影响，她的父母比较开明，没有让她遭受缠小脚这种传统陋习的折磨。她的小学、中学都是在基督教会所办的学校中就读，因此不仅受到了完全新式的教育，而且练就了一口流利的英语。中学毕业后，她考入金陵女子文理学院，课余的时候喜欢体育运动，棒球、曲棍球都打得不错。

1937年胡秀英从岭南大学硕士毕业之后，因为日军全面侵华，便到成都的华西协和大学（也是教会学校）任教，边教书边去野外采集植物。抗战胜利后，她到哈佛大学读博士学位，由此开始和冬青结下不解之缘。博士毕业后，她先是在哈佛大学工作，然后在1968年从美国回到香港，在香港中文大学崇基学院（还是教会学校）任教。虽然已经年逾花甲，她仍然为了采集植物踏遍了香港的每一个山头，一手建立起香港中文大学的植物标本馆。她还热心于植物文化的传播工作，成了香港市民尊敬的"百草婆婆"。中国有一种卫矛，因为是根据她采集的标本定名的，为了向她致敬，就起名叫"秀英卫矛"（学名*Euonymus huae*）。不过这个种的学名在发表时被写成了*Euonymus "hui"*，根据拉丁文语法，*–i*是男性人名的后缀，所以必须改成女性人名的后缀*–ae*。

胡秀英的一生与植物和宗教都紧密不可分割。巧的是，冬青的英文是holly，又与英文中"神圣的"一词holy发音相近，拼写仅差一个字母。是基督教让她从苏北的农村脱颖而出，成为民国时代凤毛麟角的西式青年；又是基督教让她投身于科学事业，成为颇有成就的植物分类专家。不过，这是过去的事情了。就像"自然神论"者认为，上帝创造了世界和科学定律之后就撒手不管、任其发展一样，基督教替中国教育事业最初的发展贡献了力量之后，就结束了这个使命。连燕京大学的校园在成为北大校园之后，也完全失去了宗教气氛。漫步在未名湖畔，不会再有人能从秀美的湖光塔影中感受到造物主的慈爱，却让人觉得当年高举科学和民主两大旗帜的"新文化运动"领袖们的英魂，仿佛此刻正潜伏在湖底。

最后，还是再说说胡秀英女士毕生研究的冬青吧。正如名字所显示的，冬青是叶子到冬天还不凋落的常绿植物。不过冬青的种类虽多，却都不太耐寒，在中国最北的天然分布只到秦岭南坡。当然，有些栽培种已经被引入到更靠北的地方，比如在北大校园里就引种了叶子边缘都是刺的枸骨，然而长势不好，有的已经全株枯萎而死。如果这种植物实在不适合京城的气候，那又何必非要强行引种呢？

低调的大师

2006年7月6日，我第一次去小五台山。小五台山位于河北蔚县、涿鹿两县的交界处，因为有5个山头巍然耸立，而高度低于山西境内的五台山，因而得名。其中东台海拔最高，为2882米，是河北省最高峰。

那时候京城的驴友活动已经十分频繁，绿野论坛尤其热闹。我参加的就是绿野组织的户外活动。因为参加者里有很多"新驴"，所以活动强度不大。6日晚到山脚下的赤崖堡村住下，7日凌晨开始爬山。随着参加者体力的不同，在爬山的过程中自然分成了几队，最快的登了顶，居中的到五花草甸然后止，自然也有体力不济的，连草甸都未能上去。我因为边爬边拍照，所以最高只到了草甸。壮观的景色，丰富的珍稀野花，令我目不暇接，到下午下山时，仍然没有拍够，恋恋不舍。

　　这年9月1日，我第二次去小五台山。这一回的活动由我组织，中巴车也是我在网上订的。参加者另有7人，其中一人是我的挚友刘冰，他当时本科刚毕业，到中科院植物所边替一些老师做项目边准备考研。我们仍住在赤崖堡村，但因为村民厌恶驴友在山上扔垃圾污染水源，从赤崖堡上山的路已在一个月前被封锁，我们只得改从偏北的山涧口上山。这一次时间完全由我们自己支配，所以安排得十分充裕——9月2日一早上山，在山上搭帐篷住一晚上，3日中午再下山。尽管已经入秋，草甸开始枯黄，但在较低海拔处，许多秋季野花仍然开得十分灿烂。就在下山途中，刘冰发现了一种长得很奇怪的银莲花。我们各拍了几张照片之后，刘冰小心翼翼地挖了一株作为标本，夹到他用黄表纸自制的标本夹里。

　　我们都没有想到，这居然是一个重大发现。几个月后，刘冰告诉我，植物所的王文采院士看了标本，发现不仅是一个新种，而且是一个非常特殊、孤立的新种。小五台山已经被中外植物学人调查了130多年，现在居然还能发现新植物，实在是个奇迹。他希望刘冰能够再多采一些标本，全面研究之后，就把这个新发现正式发表。闻听此讯，我对刘冰真是羡慕得要死。

　　2007年秋，我考入中科院植物所攻读博士学位，而刘冰也顺利考取硕士研究生，我们同一导师，成了师兄弟。我当时也想和刘冰一样，专攻植物分类学，日后当一名植物学家，但是最终我没能实现这个理想。2008年，王文采先生和刘冰终于共同发表新种小五台银莲花（学名*Anemone xiaowutaishanica*）的时候，我正在学德语，写科普，发博客，关注天下大事。此后数年，刘冰每年都去野外考察（他甚至还两下墨脱——这个西藏最封闭神秘的地方），也常常在标本馆见到王文采先生；而我却离植物分类越来越远，也一直没有和王先生这位师爷——他是我博士导师的导师——打过招呼。

直到2011年秋，我要进行毕业答辩的时候，才大着胆子去请王先生担任答辩委员会委员，而王先生也欣然同意。这时，我和王先生的接触才略多一些。那时候，王先生已经85岁高龄，但精神矍铄，思维敏捷，每周都要抽一两天时间到植物所看标本。王先生对植物学拉丁文很熟悉，直到现在，在发表新种的时候，仍然坚持写拉丁文描述——虽然他完全可以只写英文。我因此向王先生请教过几次拉丁文问题，每次他都知无不言，让我十分敬佩。

王先生不仅对银莲花、铁线莲这类植物非常熟悉，而且也是苦苣苔类植物（前面提到的纪念邓世纬的世纬苣苔，就是苦苣苔类植物的一种）的分类专家。2004年，广西中医药研究所的方鼎和覃德海把他们发现的苦苣苔类的又一个新属用王文采先生的名字命名，这就是文采苣苔属（学名*Wentsaiboea*）。在植物分类学界，用一位学者的名字命名一个新属，堪称是对这名学者的最大致敬。

2012年初冬的时候，我已经离开植物所，到北京大学去做博士后了。直到这时，我才从北京大学图书馆借来《王文采口述自传》，边看边感悟一位植物分类大师的厚重学术人生。王先生为人低调，与人为善，学术之外的事情懒于过问，当选院士之后，甚至还想过辞去这一头衔。他从24岁开始进行野外考察，三赴云南，两下广西，著作等身；离休之后又遍访世界各大标本馆，把一生的经验都倾注在铁线莲属的分类研究之中。掩卷之后，我不禁又想起我当年想当一名植物分类学家的宏大理想，想起曾经不惧风霜雨雪、蚊蜱蛇蛭而甘愿投身野外的雄心壮志。如果我没有放弃这个梦想，而是和刘冰一样坚持下来，把王先生的学术血脉传承下去，那该有多好……

失之东隅，收之桑榆。我会把对植物名称的研究坚持下去。心无旁骛，持之以恒，这是王文采先生取得辉煌成就的原因，其实也是治一切学问的根本之道。

西藏植物之考

　　1950年秋，中国人民解放军开进西藏，于10月解放了昌都地区。1951年5月，中央政府和西藏的噶厦政府代表签订了"十七条协议"，西藏和平解放。1965年9月1日，西藏自治区正式成立。由此，西藏迎来了一个新的历史时期。

　　1951年春，中央人民政府政务院（后改名国务院）文化教育委员会开始组织西藏工作队，考察西藏的农业、地质和社会面貌。队员都以军人身份进藏。1952年，刚从英国回国未久的植物分类学家、著名植物采集家钟观光之子钟补求也参加了西藏工作队。他到过昌都、江孜、拉萨、日喀则、亚东等地，一共采集了2000多号标本，直到1954年3月才返回北京。就这样，钟补求和在他之前进藏的崔友文、贾慎修成为1949年以后第一批在西藏采集植物标本的中国学人。

从那之后，到1973年前，中国植物学工作者又曾数次入藏采集标本。由于当时的西藏交通不便，单枪匹马考察会遇到各种危险，他们大都是参加中科院组织的各种综合考察队，许多人一同考察：有的采标本，有的看植被，有的看地层……其中，兰科植物专家郎楷永先生在1965年、1966年和1968年三度进藏，由他和别人共同采集的标本数目，在这一时期里是最多的。

到1973年，中国历史上最大规模的综合科学考察——青藏高原综合科学考察终于拉开了序幕。来自14个省区、56个单位、50多个专业的400多名科学工作者在1973年—1976年的4年间，对西藏做了全面的科学考察——1973年在藏东南，1974年在藏东南和藏南，1975年在藏南和藏中，1976年则兵分四路，分赴阿里、藏北无人区、那曲地区和昌都地区。每一年的考察中都有植物标本采集员参与，他们采集所得的大量的标本，至今仍然在西藏植物标本中占据大头。其中，1976年的藏北无人区考察最艰苦，也最引人入胜。如今，当年的队员已经出版了回忆录，从中你可以一窥郎楷永（他已经7次进藏）、李渤生、张经炜等深入藏北的科学壮士们的风采。与此同时，著名植物学家、号称是"中国认识植物最多的人"的吴征镒先生，也不顾自己腿脚不便，带上云南植物研究所的同事在1975年和1976年两度入藏考察，为这一时期的西藏植物标本采集锦上添花。后来在1983年—1987年间出版的《西藏植物志》，就是以这次考察采集的标本为主体编写而成的，到现在也仍然是了解西藏植物必须参考的第一文献。

1977年以后，中国学者对西藏植物标本的采集一直持续至今。因为交通等条件逐渐改善，考察活动的次数越来越多，原先被视为畏途的察隅、墨脱等地，现在去一趟也不那么困难了。不过，像青藏高原综合科考那样大规模的植物标本采集也不再有了——哪怕是作为青藏高原综合科考后续项目的横断山地区综合科考、喀喇昆仑山—昆仑山综合科考和可可西里地区综合科考，规模也比不上青藏高原综合科考，影响力就更无法与之相提并论。在中国的科考历史上，青藏高原综合科考是一座难以逾越的丰碑。至于《西藏植物志》，也早已到了需要好好修订的时候，但是什么时候我们能见到第二版呢？现在还不得而知。

几十年来，通过检查西藏采集的标本，中国学者发表了大量新种。在整理这些新种的名称时，我发现一个有趣的现象。有的学者命名的新种，如果以藏语地名命名，往往使用更接近藏语发音的拉丁转写形式，比如"聂拉木的"拼成*nylamensis*，"墨脱的"拼成*medogensis*，"察隅的"拼成*zayueensis*；但也有学者在命名时，完全使用汉语拼音，比如"聂拉木的"拼成*nielamuensis*，"墨脱的"拼成*motuoensis*，"察隅的"拼成*chayuensis*。

看上去，这好像不算是个事，但是，如果一名藏族人（比如说是一位藏族植物学家）看到这些藏语地名在植物学名中的种种拼写之后，他们又会怎么想呢？是否有语音上的削足适履之虞呢？

其实，早在1965年，国家有关部门就制定了《少数民族语地名汉语拼音字母音译转写法》，1976年，又修订了这一文件。但是，就像大部分人并不了解有关少数民族的风俗习惯一样，很多人也都不知道还有这样一个规范性文件存在。

今天的西藏正在努力走向现代化，民族之间的交流和谅解很重要。你对于西藏文化了解多少呢？不必提轮回转世，不必提玛尼经幡，这些都太浅显、太流俗。不如先看看自己是不是能够用拉丁字母把西藏地名正确拼写出来吧。

谁来纪念中国古代学者

　　我的家乡太原有一个很有名的陈醋品牌"宁化府"。醋厂总部位于太原市老城区的宁化府街。前几年我回太原，慕名前往醋厂总部参观。离宁化府街旧址还远，就闻到了陈醋的香味。到了那里，看到有好几个盛醋的大缸，有很多人排队等着买散装醋。我也买了两瓶包装好的醋，准备用来送人。

　　"宁化府"之名来自明代。明朝开国皇帝朱元璋即位之后大封诸子为藩王，封到太原的是第三子晋王朱㭎。朱㭎有七子，第五子朱济焕封"宁化王"，他的府邸自然就叫"宁化府"。宁化府醋厂原本只是藩王府里的小作坊，酿出来的醋只供皇室私用。明亡之后，醋坊工匠回归民间，宁化府陈醋便进入了寻常百姓家。

在太原，还有一些地名和明代藩王有关，比如老城区的"缉虎营"，本名"七府营"，是朱棡第七子广昌王朱济熇的宅邸，后来写成了谐音的"缉虎营"。朱济熇死后葬在太原北郊，那个地方后来就叫做"七府坟"。不过，晋王这一支虽然子孙昌盛（朱棡第四子朱济炫据说生了100个儿子），却没出过什么有名的人物，比起周王一支来差远了。

周王朱橚（sù）是朱元璋第五子，分封到开封。朱橚多才多艺，不仅会写杂剧，而且对医药也很感兴趣，曾经组织人马编写过《普济方》和《救荒本草》二书。其中，《救荒本草》虽然名为"本草"，实际上是一部食用野生植物专著。这本书记载了400多种可食的野生植物（大部分产于中原地区），每一种都以简洁的语言记述其形态和食用方法，还配有精美的插图。值得一提的是，朱橚本人亲自参加了《救荒本草》的撰写。他虽然贵为皇胄，行动却颇受限制。为了能够仔细观察研究野菜，只好在王府中建立植物园，派人去引种野菜，为此还惊动了皇帝。

《救荒本草》对后世产生了深远的影响。无论是此书对野生植物的关注，图文并茂的编排体例，还是通过建立植物园观察植物的研究方法，都启发了明清两代以至日本的学者，使东方的博物学研究达到了一个新的高度。很多现在应用的植物汉语名称，如"白屈菜""兔儿伞""野西瓜苗"等，最初也都来自《救荒本草》。研究中国古代科技史的著名学者李约瑟，甚至称赞朱橚是"一个伟大的人道主义者"。

朱橚之后，明代又出了另一位伟大的博物学家，这就是大名鼎鼎的李时珍。李时珍的《本草纲目》不仅是中医史上最后一部集大成的本草学著作，也是一部重要的博物学著作。在书中，李时珍不仅介绍了每种药物的药用信息，还收集了与药物相关的其他很多知识、典故，对很多药物名称的由来和名实之间的关系也做了详细考证。尽管书里有不少内容以今天的眼光看来颇为荒谬，但这是古代博物学类著作的共同特点。在古罗马最著名的博物学家老普林尼的巨著《博物志》中，一样能够找到很多离奇的内容。

清代最伟大的博物学家，则是曾任山西巡抚的吴其濬（jùn）。吴其濬撰有《植物名实图考》，这部书的主要目的在于考证植物的名实关系，对其用途的记载是次要的，因此作者在书中收录了很多并没有什么用途的植物。书中的插图尤为精美，很多至今仍然能够一眼看出来是什么植物。可以说，《植物名实图考》已经是脱离应用生物学、走向纯粹科学研究的著作了。只不过，这部书在1848年刊刻出版的时候，中国的国门已经洞开。几十年后，带着救亡图存的理想，中国第一代生物学人从西方引入了现代生物学，刚刚进入纯粹兴趣时代的中国博物学，终于没有迎来像17世纪—18世纪的西方博物学那样的辉煌。

甚至在植物的学名中，也能反映出中国博物学的落寞。西方最早的博物学家，现在都有纪念他们的属名，比如纪念亚里士多德的 *Aristotelia*，纪念泰奥弗拉斯托斯（亚里士多德的学生）的 *Theophrasta*，纪念老普林尼的 *Plinia*。连一些和植物学无关，甚至根本不知名的人物，也都能在植物学名中找到属于自己的荣誉。日本人也当仁不让，用他们历史上的博物学家命名了 *Ranzania*（纪念小野兰山）、*Yoania*（纪念宇田川榕庵）、*Keiskea*（纪念伊藤圭介）等。但是，中国古代的博物学家呢？除了英国的植物学拉丁语大师斯特恩（W.T. Stearn）曾经好心地用李时珍的名字命名了一种淫羊藿，后来又有国人用李时珍的名字命名了一个牡丹的品种外，我就再没有找到其他任何纪念中国古代博物学家的学名——不用说属名，连种加词都没有！

中国人文化自觉的程度如何？从这样的细节中就看出来了。

第三篇

学名轶事

中国槐还是日本槐

　　我们已经几次看到植物命名法规上的一条死规定：一个学名一旦合格发表，如果没有特殊原因，便不能被废除或代替，后来的学者只能老老实实地使用这个名字。

　　是的，哪怕一个学名明显有错误，只要已经约定俗成，我们也只能忍受着名实之间的乖舛，世世代代地把它用下去。所以，当1753年林奈为一种原产于西地中海地区的蓝色球根花卉起名 *Scilla peruviana*（种加词的意思是"秘鲁的"）时，这种花的名实不符的悲剧就已经注定。其实林奈见到的标本产自西班牙，只不过是由一条叫做"秘鲁号"的船只运送到瑞典罢了，然而林奈却误以为这种花原产秘鲁——那个几万里之外的南美洲国家。尽管在今天，这种花已经"改姓"，被叫做 *Oncostema peruviana*，但是你看，它还是甩不掉"秘鲁的"这个错误名字！

欧洲植物*Oncostema peruviana*
（*汉语名暂拟为"地中海蓝丝花"*）

　　这个时候，倒是日常用语中的俗名显得更准确一些，比如这种花在英语中一般叫做Portuguese squill，squill是由属名*Scilla*演变而成，Portuguese则是"葡萄牙的"之意，而葡萄牙和西班牙一样位于西地中海地区，也是这种花的老家。然而，在英语中这种花也被叫做Peruvian lily（秘鲁百合），甚至更加离谱的Caribbean lily（加勒比百合）或Cuban lily（古巴百合）。这个时候，学名能够消除同物异名问题的优势又显现出来了。

　　不过，秘鲁是西班牙曾经的殖民地，直到今天还以西班牙语为国语，因此这两个国家的情感关系比较密切。相比之下，如果一种原产中国的植物被冠以"日本的"之名，那问题就大了。尽管中国和日本在地理位置上十分接近，以致专门有一个词形容这种地缘上的毗邻——"一衣带水"，可是中日之间的那些历史仇怨，唉，不说也罢。顺便说一句，我有很长时间以为"一衣带水"这个词应该断做"一衣/带水"，但后来惊讶地发现其实应该

是 "一/衣带/水"，意思是说只有衣带那么宽的水域阻隔。尽管这样古怪的节奏让人念起来觉得别扭，但细细一品，倒颇有点 "谁谓河广？曾不容刀" 的古雅之意。

槐树是北方人非常熟悉的一种树，它是中国的特产，耐寒，耐旱，耐瘠薄，易于生长，从两千多年前的周朝就用作庭园树种了。和槐树有关的典故很多，洪洞大槐树和 "罪槐" 大概是最有名的两个了。今天有很多人，都把他们的家族史追溯到明朝初年的洪洞大槐树之下；而北京景山公园的 "罪槐" 则见证了在它上面自缢的明崇祯帝的最后时刻。这样说来，槐树伴随明朝始，伴随明朝终，颇有一点传奇的感觉。现在有20多个城市以槐树为市树，包括石家庄、太原、西安、兰州、银川等省会城市，当然还有首都北京。

可是令人耿耿于怀的是，这样一种典型的中国树种，学名竟然叫做*Sophora japonica*，翻译过来就是 "日本槐"。日本虽然也有槐树，却全都是从中国引种的，把槐树叫做 "日本槐"，可谓岂有此理！然而，这个学名也是林奈在1767年亲自拟定的，所以已经被植物学界确定为规范。尽管现在槐树也已 "改姓"，叫做*Styphnolobium japonicum*（不过这个学名还没有被普遍接受），可是你看它的种加词，除了词尾为了符合拉丁语的语法而略有变化外，还是 "日本的" 这个词！你想把*japonicum*改成*chinense*（中国）？对不起，植物分类学家是不会承认的。

那么这一回林奈又为什么犯错呢？原来他是根据一位叫克莱因霍夫（C. Kleynhoff）的德国医生采集的一张槐树标本来

给槐树命名的。克莱因霍夫曾经为荷兰东印度公司在亚洲工作了20年，其间他到过日本，并在那里采集了一些植物标本。这张槐树标本就是在日本采集的。林奈看到标本上注明了"采自日本"，便不假思索地用*japonica*为槐树起了名——这个永恒的误会便这样出现了。

无独有偶，在2007年，林业局曾经向国务院上交材料，申请把丹顶鹤定为中国的国鸟。丹顶鹤是国人最熟悉的鹤类，而鹤在中国极富文化意味，按说选丹顶鹤为国鸟应该很合适吧？可是有人质疑，丹顶鹤的学名是*Grus japonensis*，翻译过来就是"日本鹤"，中国的国鸟怎么能叫"日本鹤"呢？由此可见名字的重要性！

银杏悲喜剧

说到西方人在日本"发现"的中国植物，就不能不提银杏。

1690年9月，德国博物学家坎普佛（E. Kaempfer）作为荷兰东印度公司的医师来到日本长崎。长崎和中国的澳门一样，本来是个小渔村，后来在16世纪中期的时候被葡萄牙人占据，成为他们的殖民地。1641年，德川幕府第3代将军德川家光在赶跑葡萄牙人之后，实行锁国政策，把长崎作为日本唯一的对外开放口岸，而且只允许中国和荷兰的商船停泊。坎普佛到长崎的时候，面对的正是这样一个自我封闭的东方神秘之国。

在长崎，坎普佛见到了银杏树，这是西方人第一次见到这种独特而珍稀的东方树种。银杏的叶子是少见的扇形，正中常常有一个缺口，把叶片的先端一分为二；更奇异的是它的叶脉，总是呈二叉分支，这在现存的种子植物中绝无仅有。作为一名博物学家，坎普佛理所当然地把这种奇树写进了他的著作《异域采风记》（*Amoenitates Exoticae*），还采了一些种子，后来带回欧洲，种在荷兰乌德勒支的植物园里。银杏的拉丁语属名是*Ginkgo*，这个词就来自坎普佛在《异域采风记》中的命名。

今天在英语里，银杏的大名正是ginkgo，它还有一个别名是maidenhair tree，意为"掌叶铁线蕨树"，这是因为它那扇形的叶子有点像一种叫掌叶铁线蕨的观赏植物。在法语里银杏也叫ginkgo，只不过要按法国人那种绵软的语音读成"燃膏"罢了。

可不幸的是，*Ginkgo*这个拼写是错误的，正确的拼写应该是"Ginkyo"，也即"银杏"二字在日语中的一种读法。话说银杏在日语中至少有3个不同的名字，现在最常用的ichō（イチョウ，字母上加一横表示长音）是汉语"鸭脚"（银杏的别名，也是由其叶形而来）的读法；还有一个ginnan（ギンナン），则是"银杏"二字的标准读法。和这两个名字相比，ginkyō（ギンキョウ）恰恰是最不常用的名字。然而坎普佛偏偏就以这个名字为正——而且还错了。

是坎普佛自己写错了，还是《异域采风记》在1712年出版时被排字工排错了？这个看上去无关紧要的小问题，却是以严谨著称的西方科技史家不愿意放过的。有人研读了坎普佛留存至今的全部手稿，明白无误地告诉我们，在手稿的其他任何地方，他所写的字母g和y都区别得清清楚楚，偏偏在写银杏的名字时，他误把y写成了g，所以是他自己写错了。当这个错误被林奈沿袭之后，就再也没有改正的可能了。

银杏是一种孑遗树种，也就是俗称的"活化石"。化石证据表明，在近两亿年前的中生代侏罗纪，这一类植物就已经出现在地球上了。在接下来的几千万年时间里，银杏遍布了整个劳亚古陆（包括今天的亚洲大部、欧洲和北美洲，当时它们还没有分离，而是拼合在一起形成一块巨大的大陆）。然而，这却是一段艰辛的移民史。银杏偏好生长于溪边，在稍微干燥一点的地方就生长不好。可是溪边却是一个竞争激烈的环境，许多蕨类和苏铁也喜欢生长在这里。为了避免和它们竞争，银杏采取了一套忍气吞声的策略：一是生长缓慢，每年只获取少量的养分就够了，决不贪多，其他的养分就任由别的植物吸收好了；二是在长到超过别的植物的高度之前绝不分枝，就只有一根精瘦的主茎；直到树梢见到了充足的阳光，才从容长出侧枝，逐渐变成一棵丰满的大树。当然啰，也只有在熬出头之后，才能考虑谈婚论嫁——也就是开花结果。

可是这一套对付蕨类和苏铁还比较管用，对付白垩纪新兴的被子植物就不管用了——因为被子植物争夺资源的能力实在太强了。当被子植物兴起之后，银杏就不可避免走上了衰败之路。到500万年前的上新世，银杏已经在北半球大部分地方绝迹，只在中国还有分布。上新世之后，紧接着就是著名的"第四纪冰期"，很多不耐寒的古老植物都在这场大灾难中绝种，银杏的分布地也进一步萎缩。再后来，银杏的天然分布更只局限于浙江省的天目山，可能还有西南地区的几个狭小的地方。这真是一场悲剧。

然而，在它最终快要从地球上消失的时候，人类又把它抢救出来，重新种遍了世界各地，这又是一场喜剧。在绝处逢生的幸福面前，它的名字在欧洲以讹传讹的历史，又算得了什么呢！

别写错我的名字

我出生于1982年夏天的一个早晨，所以父亲给我起名为"晟"，这个字的意思就是"早晨"。然而从小学开始，我的名字就频繁地被人写错、读错，通常都讹为"刘凤"或"刘风"。这也没办法，因为"晟"不是一个常用字，很多人的确不认识。

在"83版"《西游记》中扮演猪八戒一角的著名演员马德华，据说也曾有过这样令人尴尬的经历。他的原名是"马芮（ruì）"。有一天他患了重感冒到医院看病，值班护士管他叫"马内"，化验室的化验员管他叫"马苗"，药房的药剂师管他叫"马丙"，给他打针的女护士干脆叫他"马肉"。为了避免再闹笑话，马芮无奈，就改名为"马德华"。的确，这回终于没有人认错了。

不过，好在我现在进了学术机构，周围人不认识这个字的不太多了；我收到的赠书上面的赠辞更是没有把我名字写错的——谁都知道，要送人什么东西，却把对方的名字写错，是多么尴尬的事情。

其实这还不算最尴尬的事，最尴尬的事是不仅写错了对方的名字，还弄得天下皆知，比如在18世纪末，法国有一个叫米绍（A. Michaux）的植物学家兼探险家曾经到当时还没有并入美国的佛罗里达探险。因为得到了佛罗里达总督塞斯佩德斯（V.M. de Céspedez）的赞助，他决定把他建立的一个新属胡枝子属用这位总督的姓来命名，叫做*Cespedeza*。可是因为米绍的手稿太潦草，他的新书在1803年出版时，排字工误把C排成了L，结果胡枝子属的学名就成了*Lespedeza*，而且再不能更改！

不过米绍本人倒不知道这件事。1800年他再次外出探险，本想去澳大利亚，却因为和船长发生争吵，在半道的毛里求斯就下船。然后米绍来到离毛里求斯不远的马达加斯加，结果患上热病，在他的新书出版的前一年客死他乡。米绍的儿子也是个植物学家，看到父亲用来纪念别人的属名出了这样荒唐的错误，而且将被同仁们一遍遍地征引，我想他多少会替父亲觉得难堪吧。

胡枝子属的植物在中国和日本都有分布。日本管胡枝子叫ハギ，汉字则写成"萩"。日本有一个姓氏叫萩原，是以地名为姓，著名日本天文学家萩原雄祐就是这个姓。我觉得萩原两字在汉语中蛮有意境：秋天到了，胡枝子开满紫花，原野一片紫气氤氲，多么壮观！所以，学天文的朋友千万别把萩原写成"荻原"。荻是一种长得像芦苇的草，在古代文人的眼中常常和秋天萧条的景象联系在一起，比如刘禹锡就有"故垒萧萧芦荻秋"的名句。这样的话，"荻原"就是长满荻草的萧条原野——想想看有多败兴。

胡枝子属还有一个近缘属，学名叫做*Campylotropis*，也是在中国和日本都有分布。因为它和胡枝子属相似，日本人管它叫"虾夷山萩"，"虾夷"是主要生活在北海道的阿依努人（这是日本唯一承认的少数民族）的旧称。可是这类植物的汉语名——莸子梢——又含有一个连我都挠头的生僻字。它到底该读háng还是kàng呢？

这个问题让我纠结了好几年，最近才有人一语道破天机——其实"莸"是一个异体字，这个字的正体应该是"筻"，意思是竹竿。至今，在福建、浙江、江西等地的方言里还有这个词，它的发音既不是háng也不是kàng，而是hàng。很快我又发现，早在1937年，中国林学的奠基人之一陈嵘先生就在他的力作《中国树木分类学》一书中把这类植物叫做"筻子梢"，而"筻"又是"筻"的另一个异体。

筻子梢在北京的山区就有分布，而且还挺常见。按照《北京植物志》的记载，胡枝子属和筻子梢属的主要区别在于，胡枝子属的"苞片"（位于花下部的一种叶状结构）在开花的时候不会脱落，而且一个苞片上部有两朵花；而筻子梢属的苞片在开花的时候已经脱落，一个苞片上部只有一朵花。最早的时候我就是按这种办法认识它的，但是后来见多了，远远一看，便知道是胡枝子还是箟子梢。按照某种苛刻的标准，其实这才算真正认识了一种植物。

可令人惭愧的是，我虽然已经真正认识了箟子梢，却原来这么多年一直没有写对过它的名字。当然，整个植物学界也都没写对。现在，我终于写对、念对它的名字了，可是问题仍然存在——我如何能够说服其他的植物学人也写对、念对它的名字呢？

狐狸和紫红色

　　中西都有用动物名作姓氏的传统。就拿"狐狸"来说吧，春秋五霸之一的晋文公的母亲就姓狐。晋文公结束逃亡回到晋国之后，得到了舅舅狐偃尽心尽力的辅佐，终成霸业。直到今天，山西还有狐姓存在，也许就是晋国狐姓的后裔。山西还有好几座"狐爷山"，最有名的是离我的家乡太原不远的古交市狐爷山（有时干脆被人直接写作"狐偃山"），据说狐偃死后就葬在此处。听说狐爷山风景不错，野花也颇多，可惜我至今还没有去过。

　　英语的"狐狸"是fox。Fox也是一个姓（音译"福克斯"），在英美还比较有名，美国六大电影公司之一的20世纪福克斯公司的创办者威廉·福克斯（William Fox）就是这个姓。威廉·福克斯其实是移民美国的奥匈帝国犹太人，在移民之前姓Fuchs，也就是德语的"狐狸"。在德国，Fuchs就可以称得上是著名姓氏了。

在众多的"狐"姓德国人中，有一位是文艺复兴时期的本草学家，叫莱昂哈特·福克斯（Leonhart Fuchs），他是16世纪的3位"德国植物学之父"之一。福克斯发扬了古希腊传统，很重视对植物活体的考察，比如他在自家附近建立了一个植物园，移植了许多欧洲的珍稀植物。正是通过这种实践，而不是整日埋首经书，西方的本草学才终于冲破了中世纪的桎梏，逐渐发展成现代植物学。

因为福克斯在植物学史上的贡献，18世纪的法国博物学家普吕米埃（C. Plumier）便用他的姓氏命名了一类主产中南美洲的植物，把它们叫做Fuchsia。经过瑞典的"植物学之父"（这回是全世界的）林奈采用之后，Fuchsia就成为它们的学名了。

Fuchsia是一类很容易引人注目的植物。它常常有鲜艳夺目的紫红色花朵，而且花朵的形状如同吊灯，所以有了"倒挂金钟"这个形象的汉语名。蜂鸟喜欢这种花，常常飞来喝蜜，顺便也就替它传了粉。人类也喜欢这种花，把它当成美丽的花卉种遍了世界各地。它的名字还进一步成了一个颜色术语，专门用来指代那种独特的鲜艳紫红色。

这么说来，当fuchsia意指一种颜色时，最佳的汉语翻译就应该是"倒挂金钟色"。可惜，我们对花草的喜好要比对颜色的喜好小得多，很多对植物一窍不通的翻译，竟然把这个词译成了枯燥呆板的"紫红色"甚至"玫红色",于是,这种颜色的独特之处,它背后的那种植物,那位德国本草学家的姓氏,德国的狐狸……这一连串的文化意蕴就都丧失殆尽了。只剩下穿着"紫红色"或"玫红色"时装的整过容的妙龄女郎,还走在千篇一律的中国大城市街头。

福克斯只是3位"德国植物学之父"之一,另两位是奥托·布隆菲尔斯(Otto Brunfels)和希耶罗尼姆·博克(Hieronymus Bock),后人也都用他们的名字命名异域植物。布隆菲尔斯的名字被用在热带美洲的一类花大而艳丽的植物身上(*Brunfelsia*),汉语名是更别致的"鸳鸯茉莉",因为它的花初开时为紫色,开放一段时间后逐渐变为白色,同一株上同时有两种颜色的花,仿佛鸳鸯一般。

比起福克斯和布隆菲尔斯来,博克就惨了一点。他的姓氏在德语里意思是"山羊"(中国也有羊姓,最有名的大概就是那位提议伐吴不成而感慨"天下不如意,恒十居七八"的西晋名臣羊祜),因此,他在自己的著作中总是把这个姓氏拉丁化为Tragus(古希腊语"山羊"之意)。后人就以他这个拉丁化的姓氏命名了南亚的一类植物,叫做*Tragia*。可是,这回不是什么漂亮的花了,而是一类浑身是毛、能够让人身上发痒的丑陋藤本(汉语名叫"刺痒藤")!

如果博克天堂有知,也许会写一篇博客发发牢骚吧。

斯卡布罗集市

有多少人和我一样，是从美国民谣歌手西蒙（P. Simon）和加芬克尔（A. Garfunkel）的一曲合唱中知道著名的英格兰约克郡民谣《斯卡布罗集市》（*Scarborough Fair*）的？在如泣如诉的吉他声中，西蒙迷人的嗓音缓缓响起：

Are you going to Scarborough Fair?

（你是否要去斯卡布罗集市？）

Parsley, sage, rosemary, and thyme

（欧芹、鼠尾草、迷迭香和百里香）

Remember me to one who lives there

（替我向住在那儿的一位姑娘带个话）

She once was a true love of mine

（她曾经是我的真心爱人）

括号里的翻译是我的直译，显然韵味全无，但作为植物学出身的学人，至少我可以保证第二句里的四种香料植物的名称翻译准确无误。这四种植物所在的属的学名分别是 *Petroselinum*、*Salvia*、*Rosmarinus* 和 *Thymus*，而英语中这四种植物的名称正是从这四个拉丁古词演变而来（虽然从 *petroselinum* 到 parsley 已经近乎面目全非了）。

相比之下，早期中文互联网（20世纪90年代）上的"才女"莲波用"伪诗经体"翻译的歌词，在文字上要典雅得多，字里行间弥漫着歌者的无尽相思，无怪长期备受称赞：

问尔所之，是否如适？

蕙兰芫荽，郁郁香芷。

彼方淑女，凭君寄辞。

伊人曾在，与我相知。

可惜，第二句中对四种香草的翻译犹有可以商榷之处。莲波显然是想用《楚辞》里的香草名替换掉原文里的四种西方植物，却又替换得不干净，在"蕙""兰"和"香芷"之外，还留了个"芫荽"，是对这首歌里的 parsley 的误译。芫荽（香菜）至少是西汉张骞通西域时才传入中国的，在屈原时代，中国人压根不知道有这么一种植物。

不过,在我第一次听到这首歌几年之后,我才知道,西蒙和加芬克尔的翻唱已经搞乱了原来的歌词,而且只唱了五段(最后一段还是原原本本地重复第一段)。原来的歌词其实段落更多,比如有人在1889年记录的一个版本是这样的(为了节省篇幅,就不附英文了;中文也仍然是直译,见谅!

(一)

你是否要去斯卡布罗集市?

欧芹、鼠尾草、迷迭香和百里香

替我向住在那儿的一位姑娘带个话

因为她曾经是我的真心爱人

(二)

让她为我做一件细麻布衬衫

欧芹、鼠尾草、迷迭香和百里香

没有任何缝线和针脚

然后她就是我的真心爱人

(三)

让她把衬衫放在远处的井里浣洗

欧芹、鼠尾草、迷迭香和百里香

这井里不积泉水也不积雨水

然后她就是我的真心爱人

（四）

让她把衬衫放在远处的荆棘上晾干

欧芹、鼠尾草、迷迭香和百里香

这荆棘从创世以来就未曾开花

然后她就是我的真心爱人

（五）

现在他已经向我提出了三个要求

欧芹、鼠尾草、迷迭香和百里香

我要他也满足我的几个要求

否则他就不是我的真心爱人

（六）

让他给我买一英亩土地

欧芹、鼠尾草、迷迭香和百里香

这块地要介于海水和海滩之间

然后他就是我的真心爱人

（七）

让他用公绵羊的角来犁地

欧芹、鼠尾草、迷迭香和百里香

再用一粒胡椒果为整块地播种粮食

然后他就是我的真心爱人

（八）

让他用皮革做的镰刀收割粮食

欧芹、鼠尾草、迷迭香和百里香

再用一根孔雀羽毛捆在一起

然后他就是我的真心爱人

（九）

让他在远处的墙上扬谷

欧芹、鼠尾草、迷迭香和百里香

扬谷时不能让一粒粮食落下

然后他就是我的真心爱人

（十）

等他做完了全部这些事情

欧芹、鼠尾草、迷迭香和百里香

啊，叫他来拿他的衬衫吧

然后他就是我的真心爱人

整段歌词只有一处需要解释：胡椒果的英语是pepper corn，而corn的本义是"粮食、谷物"，歌词在这里用了双关语。然后，你就会发现，这实在不是一首情意绵绵的情歌，却是一男一女的相互调侃。男的要女的做3件不可能完成的事，然后才和她谈恋爱，女的反唇相讥，要男的做4件不可能完成的事，然后才答应和他谈恋爱。我倒觉得，这种情节更贴近当下生活中的这样一幕——男的说，你要温柔贤惠，孝敬我爸妈，我才娶你；女的说，你先给我买车买房，我才嫁给你！

我对中国民歌知之甚少，像这样的接连举出几件不可能之事的歌诗，只知道两首，一首是古乐府《上邪》：

上邪！我欲与君相知，长命无绝衰。山无陵，江水为竭；冬雷阵阵，夏雨雪；天地合，乃敢与君绝！

另一首是敦煌曲子词《菩萨蛮》：

枕前发尽千般愿：要休且待青山烂；水面上秤锤浮，直待黄河彻底枯。

白日参辰现，北斗回南面；休即未能休，且待三更见日头。

不过，它们都是夫妻对坚守爱情的誓词，情深意重，和《斯卡布罗集市》的调侃并不一样。

现在在网上有一种叫"职业毁段子"的新趣味：把那些励志或启人感悟的小故事的结尾改成另一种出人意料又在情理之中的情况，于是把原故事的励志性或启发性破坏殆尽，只剩下搞笑。比如有这么一个被毁后的段子——青年问禅师："大师，我很爱我的女朋友，她也有很多优点，但是总有几个缺点让我非常讨厌，有什么方法能让她改变？"禅师浅笑，答："方法很简单，不过若想我教你，你需先下山为我找一张只有正面没有背面的纸回来。"青年略一沉吟，掏出一个莫比乌斯环。做一个莫比乌斯环很简单，把一张纸条的一头扭180度，再和另一头粘起来就行了，然后你会发现，这个纸环已经没有正面和背面之分，只剩下了一个面！

我也发现，《菩萨蛮》这首千古誓言毁起来很容易。且不说黄河断流在现在已经是常事；发生火山喷发或大地震的时候就会"青山烂"，发生日食的时候就会"白日参辰现"，而在北极圈附近，"北斗回南面"和"三更见日头"都轻而易举；"水面上秤锤浮"困难一点，但如果在水面下有泉水（比如火山旁边的温泉）出口，也并非不可能之事。这样我就找到了破解誓言的方法：带你的爱人看过黄河断流之后，去冰岛定居！对于《上邪》，也可以仿此办理。

至于《斯卡布罗集市》，本来就是调侃之作，无所谓毁不毁。相反，如果能够完成那些不可能的任务，才是真情实意的表现呢。比如"从创世以来就未曾开花"的荆棘，世界上的确存在，刺柏就是其一。这是一种"裸子植物"，虽然结种子，却不开花，不形成果实（种子植物里面只有"被子植物"才有真正的花）——好了，这个任务解决了，其他的请大家自行思考破解之道吧。

《山海经》与犰狳

犰狳（qiú yú）是一类奇异的哺乳动物，它们分布于美洲，以南美洲为多。犰狳长着尖尖的、老鼠一般的头，身上则是坚硬的"铠甲"，让它看上去像是一位威猛的武士。英语中"犰狳"一词是armadillo，这个词来自西班牙语，本义就是"戴甲胄的人"。中美洲的原住民阿兹特克人则管犰狳叫"有龟甲的兔子"，也是十分形象。

不过，这位武士的行为和性格颇为怯懦。虽然犰狳是肉食动物，但是它吃的可不是牛羊，甚至也不是兔子，而是各种昆虫；有些种类的犰狳甚至专门以白蚁作为主食。对于它们来说，几个鸟蛋就是了不得的大餐了。

　　遇到天敌的时候，犰狳首先会试图逃跑——它逃跑的速度是一流的。跑不掉的话，它会施展出色的打洞的本领，在地上挖个洞让自己藏进去，让天敌想捞也捞不出来。如果连打洞也来不及，它还会把身子团成一团，把身上没有被铠甲覆盖的部分都遮起来，形成一个由铠甲包裹的球，让熊、郊狼等猛兽无从下嘴。这一逃、二钻、三打滚的招数虽然不那么光彩，不过倒是的确十分有效。

　　在我们中国人来看，犰狳还有一点奇异之处，就是它的名字。"犰狳"这两个字是地地道道的生僻字，"狳"字念半边好歹还能念对，"犰"却连念半边都念不对。中国的动物学家是喜欢造字的，比如非洲有种长颈鹿的近亲，英语叫okapi，本来音译成"俄卡皮鹿"也就可以了，但是动物学家却为它造了三个字——"㺢㹢狓"（好在这三个字念半边都能念对），如果不是用好一

九带犰狳，喜夜间活动的独行侠

136

点的输入法，甚至都打不出来。不过，"犰狳"这两个字还真不是动物学家新造的。事实上，它本来是古籍《山海经》中记载的一种异兽的名字。

《山海经》是一部奇书，虽然它名义上是一部"地理著作"，实际上却是神话故事集。书里面众多的奇草异兽，体现了古人丰富的想象力，至今读来，也让人兴趣盎然。至于它的成书年代和作者的族属，那是学界争论不休的问题，我们且不去管它。"犰狳"这个名字出自《山海经·东山经》："又南三百八十里，曰余峨之山，其上多梓枬，其下多荆芑。 有兽焉，其状如菟而鸟喙，鸱目蛇尾，见人则眠，名曰犰狳，其鸣自訆，见则蠚蝗为败。"这座不知在哪里的"余峨之山"，上面长的植物稀松平常，梓树和荆（荆条）、芑（枸杞）都在最常见的植物之列，枬（楠的异体）树少见一些，但在南方的山里也不难发现，古人早就知道楠木是良材。唯独这种兽类实在奇怪——体形像兔子，长着鸟一般的长嘴，猫头鹰一般的眼睛和蛇一样的尾巴，见到人就睡觉，叫声和它的名字"犰狳"二字的发音相仿。它还是一种不祥之兽，如果在山上出现被人看到的话，就预示着庄稼要遭受蝗虫之害了！

《山海经》里有很多这样的古怪动物，著名的"精卫"鸟也是其一。但犰狳的独特之处在于，有动物学家发现，它和南美洲的armadillo非常相似。你看，armadillo也是体形像兔子，长嘴，蛇尾，见到人就蜷成一团，仿佛睡觉一样。于是，他们就移用了"犰狳"之名称呼南美洲的这类动物。这种从古籍中借用现成名称的作法，着实省了造字的麻烦。

中国的植物学家和动物学家不同，他们不喜欢造字，也不喜欢借用古籍中的名称。不过，最早为植物拟定学名的林奈等学者就不同了，他们也非常喜欢从古希腊、古罗马的本草学著作中挑选后人已经考证不清楚具体所指的植物名称，用来称呼古希腊人和古罗马人根本就没有见过的植物。比如，中国南方人常吃的蔬菜茭白，是菰属植物。这个属的植物产于东亚和北美，在"地理大发现"之前，欧洲人根本就没有见过，但是林奈却把菰属的学名起作*Zizania*，这个名字来自古希腊语的*zizanion*，本来指的是毒麦一类的杂草。再如古罗马博物学家普林尼曾经提到一种叫*Aeschynomene*的植物，用手一碰，叶子就会合拢。虽然谁也不知道普林尼说的到底是什么植物，但是林奈并不在意，直接拿来当成原产热带和亚热带地区的合萌属（你是不是以为是含羞草属？哈哈，错了）的属名。甚至连已经成为世界性粮食作物的玉米，其属名*Zea*本来也指的是古希腊的一种作物（可能是一种小麦）。这个词来自古希腊语动词*zaō*（生活），所以可以理解成"生命之粮"的意思。这么看来，把玉米叫做*Zea*，倒真是名副其实——它的确是很多国家穷人的"生命之粮"。

我觉得这种从古籍中取材的命名方法挺有意思，可以给原本已经死掉的词语重新注入活力，就好像原本表示"光明"之意的古字"囧"在古籍中沉睡千年之后，因为它独特的字形突然成了网络文化的新宠一样。中国古籍中的奇花异草名字也不少，就不用说《山海经》了，哪怕是在古代给小孩启蒙用的教材《幼学琼林》中，也有"屈轶"这样的神奇植物："萱草可以宜男，屈轶自能指佞。"那意思是说，屈轶草看见"佞人"（善于谄媚的人）就会弯曲，把他从人群中指出来。有一段时间我就一直在琢磨：应该把这个神奇的名称，用于世界上的什么草本植物呢？

我把这种给中国不产的植物命名的方法告诉一位朋友，他却严肃地建议我不要这样做。他也举了犰狳的例子来警告我：现在有很多异想天开的"历史学家"就怀疑《山海经》描述的不光是中国的山和海，实际上是全世界的地理，其中自然包括美洲。他们举的例证之一，就是动物学家说犰狳生活在南美洲——所以那座"余峨之山"，一定就在南美洲，所以，中国人比西方人更早发现了美洲！这就是从古籍中移用现成名字称呼异域生物造成的副作用。

听他这么一说，我觉得很有道理，于是原来打算重新起用"屈轶"一名的计划，也就无限期搁置了。

颠来倒去都是名

中国面积广阔，地名众多，从地名中能挖掘出很多"冷乐趣"，比如，在县级及以上的行政区域名称中寻找互为倒文的名称。

我是山西人。我很早就发现山西的县市名称中有几个以"阳"字开头，这和中国地名一般的习惯——把"阳"字放在后面正好相反。所以，如果把这些以"阳"字开头的地名颠过来，往往能构成别的省区的县市名，比如阳高，倒过来是高阳，是河北的一个县名；阳曲，倒过来是曲阳，也是河北的一个县名；阳城，倒过来是城阳，是山东青岛的一个区。

在山西以外，还有一些以"阳"字开头的县市名，倒过来也是县市名，比如河北的阳原，倒过来就是河南的原阳；山东的阳信，倒过来是河南的信阳；广东的阳东，倒过来是浙江的东阳……

比起地名来，人名颠倒的例子要少得多，我现在能想到的只有两个例子：近代有个国学大师王国维，而现代有个政治人物叫王维国；前一阵子看《周书》，发现有个人叫"宇文兴"，我一下子想到了已故著名演员文兴宇。

如果不限于人名，再扩大到短语的话，例子又多了起来。我想到武汉大学有一个标志性建筑，就是那个写着"国立武汉大学"的牌坊（2012年这个牌坊一度被拆除，还曾让不少武大校友欷歔不已）。这六个字是按传统的行文顺序从右往左排列的，所以一眼望去，第一感是看成"学大汉武立国"，而这是多么威严的口号！我还想到民国名人于右任善书法，时人以得到他的片纸只字为荣。据说有一次于右任写了"不可随处小便"六字贴在公众场合，竟也被人偷去，颠倒字序，成为"小处不可随便"，连于右任自己看到后都佩服不已。

上面说的这些似乎只是文人雅士津津乐道的文字游戏，而和科学无关。其实，在科学上也有类似的文字游戏，比如在物理学里，电阻的单位是"欧姆"（ohm），等于电压除以电流；反过来，电流除以电压也是一个有意义的物理量，叫做电导，它的值是电阻的倒数。最早的时候，电导的单位叫做mho，这显然是ohm的倒写，相应的汉语译名也便顺势写作"姆欧"。可惜，后来国际单位制规定电导单位的正式名称是西门子（siemens），这个有趣的文字游戏便只能成为历史了。

在植物学名里，文字游戏就更多了，比如说有一种中药植物叫细辛，它的属名是*Asarum*，这是一个古希腊植物名称。后来英国植物学家奥利弗（F.W. Oliver）发现中国有一种植物，和细辛类似但又有区别，需要"另立门户"为它建立一个新属。奥利弗懒得给新属想一个好名字，就把细辛属属名的第一个字母挪到最后了事，这就是马蹄香属（*Saruma*）。

同样，有一类禾草叫披碱草，是草原上的重要牧草，它的属名是*Elymus*，也是一个古希腊植物名称。后来德国植物学家霍赫施泰特（C.F.F. Hochstetter）从这个属分出去了一个新属，也是懒得起名，就把*Elymus*的头两个字母调换一下，成了赖草属（*Leymus*）。

只是挪动一个字母或者调换两个相邻的字母，还嫌胆子不够大。有人把黄连木属（*Pistacia*）中的*ta*移到词首，就成了瘿椒树属（*Tapiscia*）；有人把榅桲属（*Cydonia*）中的*do*移到词首，就成了移校属（*Docynia*）；还有人把葱属（*Allium*）的字母整个打乱，然后重排成穗花韭属（*Milula*）。我曾经对冠唇花属（*Microtoena*）这个属名的词源百思不得其解——它看上去像是由*micro-*和*toena*构成的，*micro-*我知道是"小，微"的意思（比如显微镜就是microscope，微米是micrometer），但*toena*是什么意思？后来才从中科院植物所一位专门研究这类植物的研究人员那里得知，它其实也是把簇序草属（*Craniotome*）的属名字母完全打乱重排形成的。知道这个真相后，我实在是对这个属名的创造者苏格兰植物学家普雷因（D. Prain）佩服得紧。

如果你以为植物学家的把戏就到这里为止，那就错了。菊科有一个属叫絮菊属，学名是*Filago*，这是林奈起的一个再标准不过的拉丁语属名。后来法国植物学家卡西尼（A.H.G. de Cassini）把这个属一分为五，新建立的4个属索性叫做*Gifola*，*Ifloga*，*Logfia*和*Oglifa*。再后来，又有两名德国植物学家锦上添花，再命名了一个*Lifago*。这些名字放在一起，不把人的眼搞花都难。

　　动物学家也不甘示弱。1972年，两位英国动物学家西姆斯（R.W. Sims）和伊斯顿（E.G. Easton）把蚯蚓类的一个叫*Pheretima*的属一分为八，其中有3个新属的名字分别是*Pithemera*，*Ephemitra*和*Metaphire*。这让我不禁想起著名奇幻小说《哈利·波特》第2部里的场景：伏地魔先写下自己的本名Tom Marvolo Riddle，然后当着波特的面，把它变换成一句令魔法师们战栗的话——I am Lord Voldemort（我是伏地魔）！

　　也有学者恶狠狠地批评过这种命名法，说这真是"丢人的孩子气的、露骨的、愚蠢的名字诈术"。唉，他的抗议注定是徒劳的。科学家也是人，出几个很会玩的"熊孩子"也是正常的嘛。

谦卑的林奈木

　　我已经讲了这么多有关植物学名的故事了，现在，让我再来讲讲现代植物命名法的奠基人——林奈自己的故事吧。

　　卡尔·林奈于1707年5月23日生于瑞典南部的一个小镇。以前，瑞典人是没有姓氏的，到林奈父亲尼尔斯（Nils）那一辈才普遍为家族取姓。因为林奈一家的田园中长着一棵大椴树（瑞典语为lind），于是尼尔斯便为自己的家族起了一个拉丁语的姓氏林奈（Linnaeus）。

　　尼尔斯是一位农夫，也是一位牧师，业余对植物学很感兴趣。在父亲的熏陶之下，林奈很小就对花草产生了兴趣。在少年时代，林奈得到了一位叫罗特曼（J. Rothman）的医生的悉心指点，不仅教他植物学，还教他医学知识。1728年进入乌普萨拉大学之后，林奈又遇到了另一位良师鲁德贝克（O. Rudbeck）。后来，林奈把北美的一类漂亮的菊科植物用乃师的姓氏命名为 *Rudbeckia*（汉语名"金光菊属"）。

1732年，林奈从学校拿到一笔资金，去瑞典北部的拉普兰地区探险。要说他的最大发现，那非一种低矮的、花朵孪生的小灌木莫属了。这种小灌木在阴暗的针叶林下虽然不甚显眼，但是林奈对它却爱不释手，不仅把它当作自己的标志，还干脆用自己的名字给它命名为 *Linnaea*，意即"林奈木"，通用的汉语名则是"北极花"。手握着命名的大权，却只是把自己的名字用来命名一种不起眼的小灌木，应该说，林奈是十分谦逊的。

从拉普兰回来之后，林奈名声大振，也开始收获爱情。一位叫

北极花，因多生于北极周边地区而得名，但在远离北极的长白山等山脉的高海拔地区也有分布。

145

莎拉·莫勒(Sara E. Moraea)的名医之女爱上了他。莎拉的父亲也答应这门婚事,不过给林奈提了一个条件:必须先拿到博士学位。

带着对爱情的憧憬,林奈在1735年毅然动身前往荷兰,这是他一生中唯一一次出国。在交纳了学费和一篇论文之后,林奈在两周之内就通过了某大学的答辩,顺利获得博士学位——和今天的一些"野鸡"大学没什么两样。好在林奈终归不是方鸿渐,他的确是有真才实学的。在荷兰,林奈遇到了一位志同道合的朋友阿尔泰迪(P. Artedi),两人都对当时的生物分类系统不满,立志提出全新的分类系统,林奈主攻植物,阿尔泰迪主攻动物。他们还立下誓言:如果有一人先去世,另一人要完成他未完的工作。谁知一言成谶,阿尔泰迪没过多久就在一条运河中溺亡。

就在这一年,林奈出版了一本薄薄的小册子——《自然系统》。这本书是由苏格兰医生劳逊(I. Lawson)赞助出版的,为示感谢,后来林奈用他的姓氏命名了一类叫做散沫花的植物,属名为Lawsonia。后来,《自然系统》一版再版,篇幅不断扩大,到林奈去世前出版的第12版已经是两千多页的巨著了。在这本书中,林奈不仅提出了全新的植物分类系统,而且提出了全新的动物分类系统,完成了他和阿尔泰迪的誓言——这真是感人至深的友谊。

林奈的植物分类系统以植物的性器官(花朵)为主要分类依据,所以被称为"性系统"。本来,性在那个年代的欧洲还是一件文人学士羞于启齿的事情,可是林奈却用诗人一般的想象,把花朵比喻成婚床，把花朵中的雄蕊比喻成新郎，雌蕊比喻成新娘。所以，一朵有9枚雄蕊和1枚雌蕊的月桂花，就是"躺着9位新郎和1位新娘的婚床"。至于退化雄蕊（徒具外形而不能产生雄性细胞的雄蕊）嘛，自然就是阉人。后来有人说，林奈本来是诗人，只是碰巧当了植物学家。这种大胆的比喻让学界为之震惊，有一位叫西格斯贝克（J. Siegesbeck）的俄国学者感到无法接受，就痛骂林奈的"性系统"是"恶心的卖淫行为"，让林奈十分难过。据说林奈为了报复西格斯贝克，就用他的名字命名了一类浑身是黏液的丑陋植物，汉语名叫豨莶（xī xiān，学名*Sigesbeckia*）。这故事听上去让人觉得林奈心胸狭隘，不过据后来的学者考证，其实在两人交恶之前，林奈就已经这样命名了。

1738年，在国外游历了3年多之后，林奈回到瑞典，顺利迎娶了莎拉。1741年林奈成为他的母校乌普萨拉大学的教授。林奈的后半辈子一直从事教学和科研工作，培养了大量的学生，替他到全世界各地采集标本。1778年1月10日，林奈逝世。逝世之后，他的藏书和采集的标本被他的家人全部卖给了英国人，英国因此建立了伦敦林奈学会，至今仍然是享誉世界的生物学学会。至于瑞典人，则至今仍为林奈的收藏没有保存在本国而愤恨不已。

2008年6月，我有幸获得了一次去长白山考察的机会。在长白山的红松林下，我第一次见到正在开花的北极花。这种植物具有植物地理学上所谓的"北极-高山分布"——在几万年前的第四纪冰期的时候，它在北半球中高纬度地区广泛生长，但随着冰期的结束，气候逐渐变暖，它就不断向寒冷的地方退却，一条路是退往向北的地区，一条路是退往高山地区，这样到了今天，就让人们在长白山这样离北极圈尚远的山头上也能见到北极地区的植物。

我摘了一小段北极花下来，学着林奈的样，把它捧在胸前留影。这不光是为了向谦卑的"植物学之父"本人致敬，也是向他发扬光大的现代植物命名法——这在后世演绎出众多悲喜故事的命名法——致敬。

林奈穿着拉普兰人服装的画像，右手拿着一束北极花

纪念达尔文君

　　台湾著名进化论学者王道还说过，查尔斯·达尔文（Charles Darwin，1809—1882）就算一辈子一事无成，照样能够成为英国的名人，因为他的家族太显赫了。他的父亲罗伯特（Robert）是名医，他的外祖父约西亚·韦奇伍德（Josiah Wedgwood）是英国著名瓷器商（不过很不幸，韦奇伍德公司在2009年破产了，离公司的创立恰满250年）。他的祖父伊拉斯谟（Erasmus）更有名，不仅也是名医，还是博物学家、诗人，甚至还在达尔文之前独立地提出了一套进化学说。伊拉斯谟的名气大到什么程度呢？他于1802年去世，十几年后的1816年—1818年间，竟先后有3位植物学家用他的姓氏作为新发现植物的属名。不过根据国际植物命名法则，其中只有最早的那个名称可以在今天继续使用，这就是和著名材用树桉树、热带水果莲雾有亲戚关系的*Darwinia*，是特产于澳大利亚南部的珍稀植物。

青年达尔文

　　中国有句谚语："富不过三代。"从伊拉斯谟算起，查尔斯·达尔文就是第三代。童年和少年的达尔文养尊处优，的确表现出纨绔子弟的某些败家习性，比如不爱学习，成天抓虫子打鸟等。他的老师甚至认为他的智商只是处于中下等的水平。碰上这种好像不会成才的儿子，老达尔文不得不亲自给他安排稳妥的人生之路，起初让他学医，后来见他对医学毫无兴趣，又安排他学神学，准备让他毕业之后做一名牧师。

　　幸运的是，达尔文终于没有成为靠父母余荫过活的富三代。1831年—1836年间，达尔文随贝格尔号（或译"小猎犬号"）军舰进行了一次环球考察，这使他声名大噪，还没回国就已经是知名的博物学家了。达尔文在考察中既采动物标本，又采植物标本。他在南美洲采到一种尖吻蟾，又采到一种小型的美洲鸵的标本（其实是达尔文吃剩的鸟头、骨架和皮肤），二者后来都用达尔文的名字命名，前者叫*Rhinoderma darwinii*，后者叫

Rhea darwinii（不过后一个名字今天已经不用了）。

离开南美大陆，达尔文来到太平洋中的加拉帕戈斯群岛。他在这里不仅见识到了形形色色的地雀和象龟（这两类动物给他留下了极为深刻的印象，最终启发他提出进化论），还采到了许多植物标本，其中就包括西方人以前未知的两种菊科灌木。

在达尔文把这两种灌木的标本寄回英国之后，他的好友、著名植物学家约瑟夫·虎克（Joseph D. Hooker）认出它们属于飞蓬属（*Erigeron*）植物。飞蓬属是个很平常的大属，有好几百种，所以虎克随便起了"细叶飞蓬"（*Erigeron tenuifolius*）和"矛叶飞蓬"（*Erigeron lancifolius*）两个平凡的名字，就算完事了。

一年蓬，飞蓬属的杂草，在中国为入侵种。

这样，一直到20世纪中叶，还没有一个植物的属名，是明确为了纪念达尔文本人（而不是他的祖父）而命名的。这对于达尔文来说实在有点不公平。且不说达尔文在1859年出版了划时代的巨著《物种起源》，提出了以"自然选择"为核心的进化论；在他的晚年，达尔文更是花了很多工夫研究植物，出版了好几本专著。他研究过兰花的传粉，研究过食肉植物如何捕食昆虫，研究过植物幼苗的向光性运动，甚至还研究过植物对音乐的反应——他冲着含羞草吹奏大管，想看看含羞草的叶子是否能够闭合，结果自然是没有闭合，这让达尔文自嘲自己做了个"蠢人的实验"。不过我觉得最神奇的还是他研究植物幼苗的"回旋转头运动"（这是所有植物的幼苗刚萌发出来就无师自通的一种运动，幼苗的茎尖会边长高边兜圈子，形成螺旋状的运动轨迹）的方法——拿一块透明玻璃板放在幼苗上方，每隔一段时间就在上面描出幼苗茎尖的位置，最终连接成线。这实在是一项枯燥得要死的工作，但对于患有严重失眠症的晚年达尔文来说，又是能够抵消失眠痛苦的一种娱乐。达尔文对植物做的这些研究工作，至今还常常被植物学家征引，或者为植物学家设计新实验提供有益的启发。

好在，到了20世纪60年代，终于有人想到要用植物学名纪念达尔文了。1962年，一位叫哈灵（G. Harling）的瑞典植物学家经过细心研究，认为加拉帕戈斯群岛的那两种飞蓬和别的飞蓬不一样，应该独立成属。于是他把这个新属命名为 *Darwiniothamnus*，意为"达尔文灌木"。哈灵带着崇敬的心情写道："用这种方式纪念达尔文看来是非常合适的。"所以现在我们不光有纪念达尔文祖父的植物属名，也有纪念达尔文本人的植物属名了。

被骂杀和捧杀的西红柿

　　学植物的人走火入魔了是什么样？上餐馆点菜，要一道名为"茄科植物大全"，其实就是地三鲜，其主料是土豆、青椒、茄子和西红柿，正好都是茄科植物。在这几种蔬菜中，除了茄子据中科院植物所的王锦秀考证可能是中国原产之外，另3样都原产中、南美洲。正因为西红柿是个舶来品，又属于茄科，所以有了"番茄"之名——或者被人"添枝加叶"，写成"蕃茄"。当然，"西红柿"这个更通用的名字本身，正如"西芹""西梅"一样，也表明它是外来植物。

　　西红柿什么时候由谁引入欧洲，学界还有争论。欧洲的文献第一次记载西红柿是在1544年，是在意大利人马蒂奥利（P.A.G. Mattioli）的著作中。马蒂奥利这本书其实是古希腊本草学家狄俄斯科里德（P. Dioscorides）的《本草》一书的意大利

各种番茄品种

语译本，但是他加了不少注释和插图，还新载了100多种原书没有的植物，西红柿就是其一。在书中，西红柿被叫做"金苹果"（pomo d'oro），听上去是个不错的名字。当时西班牙人很可能已经开始吃西红柿，就像最早栽培它的印第安人一样。

但是西红柿在北部欧洲就没有这么好的待遇。1597年，英国医生杰拉尔德（J. Gerard）也出版了一部《大本草》。当时的欧洲还没有什么版权意识，杰拉尔德这本书其实大部分都是别人著作的翻译，但是他在做了一些文字次序调整，又补入一些自己写定的内容之后，却声称整本书都是他的原创。在书中，杰拉尔德声称西红柿有毒，不能食用，这个说法其实也是人云亦云，因为当时有很多人觉得西红柿的果实很像欧洲的一种野生茄科植物颠茄，而颠茄有剧毒，误吃是要出人命的。

但是杰拉尔德的文笔流畅易读，这让《大本草》成了一部影响力很大的著作，结果"西红柿有毒"也成了一个影响力很大的说法。德国人干脆把它和一个古老传说——古代的巫师会用颠茄的果实把人变成狼——联系起来，管它叫Wolfpfirsich。就是"狼桃"的意思。在17世纪出现了很多有关西红柿的奇谈怪论，比如吃西红柿会致癌，甚至只是对这种植物表现出喜爱的情感都是要得癌症的标志；又如把一个大红西红柿放在窗台上可以祛魔，等等。这个时候的西红柿无疑是被骂杀了。

直到18世纪，北部欧洲的人才慢慢开始懂得吃西红柿，发现它不仅无毒，而且酸甜可口。从此，全欧洲都大吃特吃西红柿的景象就一发不可收了。尽管如此，18世纪中叶的林奈在给西红柿起拉丁学名时，还是沿用了"狼桃"的传说，管它叫*Solanum* *lycopersicum*。这个名字的第一个词是茄属的属名，第二个词则是用古希腊语"狼"（*lyco-*）和"桃"（*persicon*）两个词根拼合而成。其实今天的德国人早就不再用"狼桃"这个名字了，要么也和英国人一样，用源自印第安语的Tomate称呼它，要么干脆美其名曰Paradiesapfel，翻过来，就是"天堂苹果"。

一旦西红柿成了西方饮食中不可或缺的一部分，捧杀它的时候就到了。最流行的一种说法是，造成西红柿的红色的那种叫"番茄红素"（lycopene）的天然色素有抗氧化性，所以常吃西红柿可以预防疾病，延缓衰老，甚至抗癌（这真是180度的大转变）！其实这只是一个更大的"抗氧化剂"神话的一部分。很多水果蔬菜中还含有一类叫黄酮的物质，它们也常常造就水果蔬菜的诱人颜色（比如苹果的黄色或红色），而黄酮也被说成是有抗氧化性，所以有益健康云云。

的确，在体外实验中，无论是番茄红素还是黄酮，都能表现出一定的抗氧化性，可是体外能体现的效果，在体内却未必起作用。在长期研究均未发现番茄红素和降低前列腺癌等疾病发病风险的明确关系之后，2005年，美国食品与药物管理局（FDA）把这一科学结论向全世界做了公告。只不过，在"养生"心切的消费者心中，科学结论的分量从来就比不上他们先验的欲望。

最后要说的是，英语中"西红柿酱"（ketchup）这个词是来自马来语，而学者都怀疑它最终是来自汉语方言。还有人进一步指出可能是闽南语"鲑汁"二字，也就是说，这个词本来是指一种腌鱼的荤汁，后来却阴错阳差，成了一种蔬菜的素汁的名称。这算是有关西红柿的一个小花絮。

古之俗与今之雅

在北京的低山区，有两种常见的灌木，一种叫大花溲疏（学名 *Deutzia grandiflora*），一种叫小花溲疏（学名 *Deutzia parviflora*）。它们都是溲疏属植物，这从它们同"姓" *Deutzia* 就能看出来。

有很多次，当我把这两种溲疏指给不认识它们的朋友看，并告诉他们"溲疏"这个名字的时候，他们都会好奇地问："这是什么意思？"于是我会解释："溲"在文言文里意思是小便，"疏"是"疏通"的意思。在长江流域生长着一种灌木，其果实古人用作药材，据说可以疏通人体内的"水道"，让人小便通畅，所以管它叫"溲疏"。北京的这两种溲疏属植物和南方的这种溲疏是近亲，也就同样有"溲疏"之名了。

如果用现代汉语来给溲疏命名，恐怕它会被叫做"通尿花"——我想多数人会觉得这个名字实在太俗。但是一旦用文言写成"溲疏"，俗气立刻全消。其实，在先秦西汉时代，"溲"是正儿八经的俗词。《史记》中就描述西汉开国皇帝刘邦"不好儒，诸客冠儒冠来者……辄解其冠，溲溺其中"，意思就是说，刘邦不喜欢读书人，凡是有戴着读书人的帽子来见他的，刘邦就把客人的帽子摘下来，往里面撒尿。只不过，随着时代的变迁，虽然"溺"（尿的通假字）这个词还活跃在现代汉语的口语里，但是"溲"早就不在老百姓的口头用语之列了。一旦沉淀为书面上半死不活的古词，"溲"就摇身一变，成为一个高雅语词了。

古代的俗词，成为今天的雅词，这样的例子数不胜数。《史记》还记载了刘邦的一句骂人话："四眼贱货，差点坏了老子大事"充满了流氓气息，但如果今天有谁用原文"竖儒，几败而公事"骂人，恐怕这个人才是他口中的"竖儒"呢。英语也是这样，高贵的英国绅士和小姐们是羞于说crap（屎）、piss（尿）、asshole（肛门）这样的脏词的，非要提及不可，也要用拉丁语（拉丁语在英国文化中的地位，大致相当于文言文在中国文化中的地位）说成faeces、urine和anus。然而在2000年前的古罗马，这几个词也不过是平民和奴隶口中的脏词罢了。

在植物学名中，也有类似汉语中"溲疏"这样的古之大俗、今之大雅的名称吗？答案是肯定的。比如说在中国南方的林下，有时可以见到一种寄生植物，没有绿叶，只在地面上挺出一根红色的"肉乎乎"的棒子。这种植物叫做蛇菰，其属名

大花溲疏，花较大，1~3朵聚生

小花溲疏，花小，6~10朵聚生，树皮层层剥落，极
易识别。

为*Balanophora*。这个属名由两个词根拼合而成，后一个词根 –*phora*意为"具有……的"，而第一个词根*balano*–来自古希腊语 *balanos*，虽然本义是橡实，但在古希腊人口中更常指的是男人的 那话儿。所以，*Balanophora*的意思就是"长着那话儿的植物"。 这简直不是俗，而是下流了，但一点也不妨碍今天的植物学家面 无羞色地使用这个词。

和蛇菰一样倒霉的植物还有兰花。在汉语里，"兰"从屈原 时代开始就是高洁的植物。当然，屈原在诗里说的"兰"，并不是 今天我们所说的兰花，而是和兰花完全没有亲缘关系的佩兰（也 叫兰草），属于菊科植物。但是，大约从唐代末年开始，"兰"逐 渐用来指代长着细长叶子、在春天开出香气素雅、造型优美的 花朵的兰花。到了宋朝，种植兰花已经成为流行的文人嗜好，兰 花的亭亭玉姿，也使它成为画家钟爱的"模特"。南宋遗民郑思 肖就以画兰著称，不过他画的兰花全都没有根，借以象征宋朝已 灭，自己身无根基，可谓用心良苦。

所有的兰花都是兰科植物。到目前为止，兰科是种子植物 的第二大科，仅次于菊科，不过因为很多兰科植物藏身于人迹罕 至的热带雨林，现在每年还不断发现很多新种，说不定最终兰科 会成为种子植物第一大科。兰科植物的花形状千奇百怪，极富欣 赏性，所以不仅中国人喜欢种兰，西方人也喜欢种兰，只不过他 们更喜欢花朵硕大艳丽、一开一大串的"洋兰"罢了。

英语里表示"兰花"的词是orchid，这个词来自拉丁语的 *orchis*。*Orchis*本身也是一类叫做"红门兰"的兰花的属名。再往前追溯，拉丁语的*orchis*又是来自希腊语的*orkhis*，这个词的本义，竟然是睾丸！

兰花和睾丸有什么关系？原来，希腊境内生长的红门兰之类兰花，在地下往往有小的球形块茎，有时候还会长两个。这些块茎就像土豆的块茎、红薯的块根一样，是这些兰花的储藏器官。然而在古希腊人看来，它们和男人的蛋蛋是多么相似啊！于是古希腊人就把兰花叫成了"蛋蛋花"。然而，这样一个不雅的名字，先进入拉丁语，再进入英语之后，就再也没有不雅的含义了——虽然当我听希腊作曲家雅尼的名曲《和兰花在一起》（*With an Orchid*）时，偶尔也会觉得这曲名似乎有点不妥……好吧，是我自己想歪了。

马尾巴的功能

经历过"文革"的人都看过一部有名的电影《决裂》，葛存壮在其中扮演一位姓孙的教授，在农村的课堂上起劲地给学员们讲解马尾巴的功能，却把前来求他为牛治病的农民轰出门外。后来很长一段时间，"马尾巴的功能"便成了嘲讽学究的流行语。

其实马尾巴的确是有功能的，比如说，可以用来给植物命名。有一类外形独特的水生植物叫杉叶藻，它的属名是*Hippuris*，由古希腊语词根*hippo-*（马）和*ur-*（尾）构成，因此这个属名就是"马尾巴"的意思。还有一类蕨类植物叫木贼，它的属名是*Equisetum*，由拉丁语词根*equi-*（马）和*set-*（毛）构成，因此整个属名是"马（尾巴）毛"的意思。难怪，这两类植物在英语中分别叫mare's-tail（母马尾巴）和horsetail（马尾巴），

　　水烛，是香蒲的一种。香蒲类植物因为具有形状独特的花序，常常用比喻的方式命名，"水烛"一名也是通过比喻得来。

正是这两个属名的直译。

用动物的尾巴来给植物命名，其实全世界皆然，比如英语中有一个cattail（猫尾巴），指的是香蒲属植物，因为它们的棒状花序有点像猫的尾巴。不过法国人却管香蒲叫massette，这个词本义是"小榔头"，这是因为香蒲花序的形状和颜色的确很像法国农民用的小榔头的柄。相比之下，汉语的"香蒲"之名就典雅有余、生动不足了。

反过来，汉语中的狗尾草，到英语中却成了了无趣味的"刚毛草"（bristlegrass）。很多中国孩子都很熟悉狗尾草，用狗尾草的穗编织小兔子是许多人珍贵的童年回忆。其实，古人早就认识这种植物了，因为它是重要的农田害草。《诗经》里的"莠"说的就是它。只不过，在孩子们的心目中，"狗尾草"要比"莠"亲切多了。

和狗尾草类似的还有狼尾草、虎尾草，也都是荒地常见的杂草。不过，狼尾草体形高大，花穗也颇为漂亮，所以现在已经开发为一种园艺植物，比如在北京奥体公园就能看见它。至于虎尾草，虽然其貌不扬，但在中国分布十分广泛，除了是城市里的野草，在西北荒漠地区也能见到。在那里，每年夏天几场雨过后，就见虎尾草迅速发芽抽穗，开花结实，结实之后就迅速枯死，前后只生存一个多月，可以说十分短命。因此，在生态学上，虎尾草被叫做"夏雨短命植物"，这种习性显然是对荒漠地区的集中降水的适应。以前在书上看到介绍荒漠里的短命植物，觉得十分神奇，还想离自己多么遥远、非到实地不能见到呢，后来才

　　垂花蝎尾蕉，原产热带美洲的观赏花卉，因花序下垂、状如蝎尾而得名。

知道，其实在城市里就能见到其中一种。

《诗经》中还有"蓷"，据考证是益母草。全世界很多地方民间都用益母草治疗妇科疾病，所以英语中的益母草也叫motherwort（母亲草），和汉语的"益母草"一名一样充满了阴柔之气。但是很奇怪，它的属名却叫*Leonurus*（拉丁语"狮尾"），一个很阳刚的名字。

让我们去到内蒙古草原。每年五六月份草原重新返青之时，往往能在地上找到一种无叶、粗壮、棒状的野花，这就是列当，是著名的全寄生植物。蒙古人管它叫"特门苏乐"（temegen segul），直译出来——啊哈，原来就是"骆驼尾巴"的意思！

上面讨论的都是兽类的尾巴，鸟类的尾巴能用来给植物命名吗？当然能！君不闻"鸢尾"乎？这类植物的"花柱"（花里面连接子房和柱头的结构，子房是果实的前身，而柱头是接受花粉的地方）形状奇特，不仅扩大成花瓣状，顶端还一分为二，形状很像"鸢"（俗名老鹰）的尾巴，所以就叫"鸢尾"了。在日本南部，还长着一种日本特有的植物，学名*Comospermum yedoense*（这个名称中的第二个词意思是"江户的"，而江户是东京的旧称），日本人管它叫"鸡尾兰（ケイビラン）"，这也是用鸟类尾巴来命名的植物。当然，传说中的"百鸟之王"凤凰的尾巴又岂能错过？"凤尾兰"这种充满异域风情的花卉早就种遍中国的大城市了。

比兽类、鸟类更低级的动物的尾巴，也是用得的。有一类和芦荟近缘的观赏多肉植物，就叫做"蛇尾兰"（它另有一个古怪的别名叫"十二卷"）；还有一种观赏棕榈类植物，叫做"鱼尾葵"，而它的叶子也的确像鱼的尾巴。

再再低级一点的动物的尾巴，还有没有？看看"蝎尾蕉"吧，这类原产热带美洲的植物，因为花序呈"之"字形，略似蝎尾而得名。此外，还有一种兰花叫"虾尾兰"。至于蝎子和虾哪个更低级？我专门上网查了一下最新的节肢动物的演化系统树，发现蝎子所在的"螯肢亚门"要比虾所在的"甲壳亚门"原始一点。那么，这场"比比谁的尾巴更低级"的竞赛，暂时就以蝎尾蕉的获胜告一段落了。

第四篇

说文琐议

中国南北的断肠草：钩吻与狼毒

2011年12月23日，广东省阳春市出了件新闻：龙某在当地一家火锅城吃猫肉火锅时突然中毒，不治身亡。后来查明，原来是有人向火锅中投毒，而投毒者正是当日与龙某一同聚餐的黄某。

黄某所投之毒来自当地一种叫作"断肠草"的植物。说到断肠草，很多人都会想起金庸武侠小说《神雕侠侣》里杨过用断肠草解情花毒的情节。其实在植物学上，断肠草并不是一个正式采用的植物中文名字，而只是一个俗称。这个俗称所指的也不是一种植物，在不同地区，被叫做断肠草的植物常常是不一样的。光是《中国植物志》里面收载的俗称为断肠草的植物，就有30多种！

狼毒，主产于中国北方的多年生草木植物，在草原上常见，成为草原退化的标志。

在广东，断肠草是指钩吻。把钩吻称为"草"似乎不太恰当，因为它其实是常绿的木质藤本植物。钩吻含有一类名为钩吻素的生物碱，是很强的神经抑制剂，可以抑制间脑的呼吸中枢，最后使人因呼吸麻痹而死。因此这种断肠草并不是让人断肠而死，而是把人"憋"死的。在香港有所谓"香港四大毒草"的说法，毒性排第一位的就是钩吻（另外三种则是洋金花、牛眼马钱和羊角拗，也都是吃下去会出人命的剧毒植物）。

不过，钩吻虽然剧毒，但毕竟是植物，不会像金环蛇、银环蛇之类有毒动物那样主动攻击人。在每年因钩吻中毒的人里面，相当多数都是把它误作野菜食用而中毒。比起久经人类栽培选育的蔬菜来，野菜似乎给人一种天然、有机的感觉，因而成为很多城市居民野游时青睐的素馔。然而，不可否认的是，很多野菜的滋味远远不如栽培蔬菜（否则人们也就没有选育、驯化蔬菜的必要了），其实并不对城市人的口味。如果能够破除认为野菜是天然、有机食品的迷思，哪怕只是简单跟随我们味觉的指引，绝大多数的野生植物中毒事件本来是可以避免发生的。

钩吻不耐寒，在中国最北分布到贵州、湖南、江西，浙江南部可能也有，再往北就不见踪影了。在广大的中国北方（特别是内蒙古），断肠草这个俗名常常用来指狼毒。

在中国最早的本草著作《神农本草经》中已经记载了"狼毒"之名，把它列为下品。但是该书中对狼毒的描述过于简略，无法确定到底是什么植物。今天，被认定可能是《神农本草经》所载"狼毒"的植物有两种，除了俗名"断肠草"的狼毒外，还有另一种狼毒，和常见栽培的一品红、铁海棠是亲戚。因为在植物学上，这两种狼毒分别属于瑞香科和大戟科，所以为了区别这两种狼毒，医药界分别管它们叫"瑞香狼毒"和"狼毒大戟"。但在植物学界，"狼毒"已经习惯用作瑞香狼毒的专用名字了。有趣的是，《神农本草经》中另外还有一味下品草药叫"甘遂"，虽然一般都认为是大戟科的另一种植物，但也有人认为是瑞香狼毒，把它作为瑞香狼毒的正名。完全没有亲缘关系的两类植物，却在人类的眼中纠结不清了。

狼毒通常生于寒冷地带干旱向阳的山坡、草原，在较为湿润的高山草甸上也能生长。在北京西部的东灵山、百花山等高峰上可以见到它，在内蒙古、青海和西藏的草原上更容易见到它。狼毒是多年生草本植物，地下有肥厚的根状茎，借此得以越冬。它的花呈钉子状，外红内白（也有个别植株因为遗传变异，花的外面是金黄色），在茎顶簇生成一团，十分美丽，不用编织，天生就是造型优雅的花束。假如一片草原上全是狼毒，到它盛开的时候，红光白气直冲云霄，景象十分壮观。

然而，这种壮观的景象虽然在城市来的游客眼里令人陶醉，在牧民眼里却令人忧愁。正如狼毒的名字所显示的，这是一种有毒植物，全株都含有香豆素类毒素。这类毒素对于哺乳动物具有抗凝血作用，牲畜误食之后，很容易因为内出血而身亡。正因为如此，牲畜一般都不会去吃它。在正常、健康的草原上，狼毒的数量并不多，占优势地位的是针茅、羊草之类的牧草。但是如果草原上的牲畜过多，它们会把牧草吃光。这时，狼毒失去了竞争对手，便在草原上繁茂起来。狼毒占优势的草原，就是极度退化的草原。这样的退化草原要恢复原样可不容易！

像狼毒这样集美丽和歹毒于一身的植物，在草原上并不是独一无二的。有一类叫做棘豆的植物，其中的很多种类也和狼毒一样，既对牲畜有毒，又能开出美丽的花朵，在因为过牧而退化的草原上展现它们冷艳的身姿。现在要对付它们，没有别的好办法，只能是"以毒攻毒"，用专门杀灭狼毒和棘豆、对主要牧草无害的除草剂进行化学防治。不过，这种办法终归是治标不治本，要想釜底抽薪，还是得解决草畜失衡问题。

当然，从哲学的角度来看，狼毒之毒本身并无所谓好坏，它是好是坏，完全取决于人类的视角。狼毒之毒能杀死牲畜，这当然是坏事，但是人们也能对它进行巧妙利用。除了入药之外，狼毒的一大传统用途是造纸。就像它所在的瑞香科的其他一些植物一样，狼毒含有丰富的韧皮纤维（主要含于其根状茎中）。在其他造纸原料获取不易的青藏高原草原地区，藏族人民就用狼毒的韧皮纤维来造纸。狼毒纸因为含有毒素，鼠不咬，虫不蛀，用它印刷的经文可以历经千百年而不坏。今天，用狼毒造纸的技术已经作为藏族造纸技艺的一部分，列入第一批国家级非物质文化遗产名录。这样，狼毒之毒又显现出它好的一面来了。

令人心烦的草字头

我很小的时候翻字典，就发现在汉字的各个部首中，以草字头（艹）为部首的字最多。光是荷花（学名*Nelumbo nucifera*），与其相关的草字头的字就有十几个：荷花的地下根状茎叫"藕"，植株出水之后叫"茇（jì）荷"，叶柄叫"茄（jiā）"，叶片叫"葭（xiá）"，未开的花苞叫"菡萏（hàn dàn）"，已开的花又叫"芙蓉"或"芙蕖（qú）"，结的种子叫"莲"……想一想也可以理解：在远古时代，先民们生活在广袤富饶的原始植被之间，每天都能看到种种草木，每天也都需要接触种种草木，以它们作为口粮的主要来源。既然和草木如此亲近，相关的字词自然很多。

其实在其他语言中也是这样，有大量的词汇用来称呼植物，只不过多数语言的文字不是汉字这样的能够表意的文字，

　　慈姑，一种常见的水生植物，地下的球茎可食。慈姑的叶子很有特点，基部呈箭头形，在植物学上叫"箭形叶茎"。

光看词形看不出它们的共性罢了，比如现代英语中称呼树木枝条的词汇就有很多：通称为branch，大枝叫bough，小枝叫branchlet，最末端的小枝叫twig或sprig，如果最末端的小枝上既有叶又有花，那又叫做spray——这还没有算上更专业性的、从拉丁语中借来的ramus和ramulus。假如英语的文字也是能够表意的文字，这些词恐怕也都会有一个共同的表示"木"的偏旁。

正因为草字头的汉字特别多，其中又有很多字专门作为植物的名称，久而久之，中国人养成了一种习惯：如果一种植物的名字中没有草字头（或木字旁），就让人觉得这个名字看上去不爽，非要给它加个草字头不可。

还拿荷花来说，它的别名之一"芙蕖"本来写做"扶渠"，本意已不可考。后来古人觉得这两个字不像是植物名称，就把"扶"的提手旁换成草字头，再给"渠"也加上草字头，这样看上去就匀称美观了。再如葡萄，这是西汉通西域之后才从西亚传入的水果，它的名字本来是个音译词，因此最初写法不一，比如可以写成"蒲桃""蒲陶"等。但是现在大家都写成"葡萄"，因为这两个字既有草字头又有包字头（勹），在字形上实在是整齐得紧！

当然，文字学家指出，这种给构成一个词的两个字添上相同偏旁以求字形美观的做法不限于植物名称，比如古代著名的琅邪郡（诸葛亮的老家就在这个郡），后来也写作"琅玡""琅琊"以至"瑯琊"；甚至在今天，管家具叫"家私"的广东人，也常常喜欢在这两个字上再添加单人旁，写成充满富贵气息的"傢伲"呢。

回到植物名称上来。我个人是不赞成给植物名称滥加草字头的，这样不光会平白无故增加汉字的数目（是啊，汉字已经太多了），还会掩盖植物名称的本意。比如绿豆，又作"菉豆"；扁豆，又作"萹豆""藊豆"（还有一种写法是"稨豆"，这个"稨"字虽然没有草字头，却加了个禾字旁）。其实绿豆就是种皮绿色的豆子，扁豆就是豆荚扁平的豆类，望文生义，很好理解；非要加上草字头，弄成"菉豆""萹豆""藊豆"，神秘兮兮的，反而不好理解了。好在现在大家也都习惯用"绿豆"和"扁豆"这两个简洁明快的名字，"菉""萹"和"藊"已经差不多被扔进故纸堆了。

然而，还有不少这样滥加草字头的植物名称，现在在植物学界和园艺学界颇为流行。比如慈姑，李时珍《本草纲目·卷三十三》对这一名字的解释是"一根岁生十二子，如慈姑之乳诸子，故以名之"。这个解释是很合理的，因为慈姑的特点就是在小根末端生有球茎（"子"），这球茎正是其食用部分。但有的书上非要写成"慈菇"。菇字本来指蘑菇（一种真菌），现在却用在一种和真菌八竿子打不着的植物头上，不是添乱吗？

另一个例子是白及，这是一种著名中药，《本草纲目·卷十二》指出"其根白色，连及而生，故曰白及"。这个解释也是可信的，因为这种植物在中国最早的本草书《神农本草经》中就有著录，正是叫做"连及草"。所谓"连及而生"，指的是白及靠地下的"假鳞茎"进行营养繁殖，假鳞茎常连生在一起，形成丛状。但有的书上却将它写成"白芨"。芨虽然也是后起字，但一般只用在"芨芨草"这个名字中，而且是读一声（阴平）的。西北盐碱滩上大丛白色的芨芨草，和南方林中形态优雅的白及，这形象反差未免太大了点。

类似的例子还有荷包牡丹写成"荷苞牡丹"，白鲜写成"白藓"，剪秋罗写成"剪秋萝"等等，仿佛一加了草字头，这些植物才真正鲜艳繁茂起来；不加，就一幅灰头土脸的样子。不知怎的，这让我联想到现在的大城市里的一些年轻人喜欢自称"草民"，仿佛不这么自称，心情便无比郁闷；一称，便觉到了发泄的快感。

把这令人心烦的草字头从植物名称中和市民的脸上拿开，似乎都不是件容易的事情。

竹藤与人类文明共舞

　　人类征服世界，材料起到了决定性作用。人类文明之所以能发生从石器时代向金石并用时代、铜器时代和铁器时代的嬗递，这从这些时代的名称上就能看出。在根本上是源于制造工具的材料发生了变化，今天，材料科学已经十分发达，需要较为复杂的技术手段生产的人造材料，已经取代从自然界中直接获取的天然材料，在生产生活用具制造上占据优势地位，而且每年还不断有新的人造材料问世。即使这样，天然材料中的生物源材料因为通常易于获得，价格往往较为低廉，又是可再生资源，仍然在今天所用的材料中占有重要地位。

　　就拿植物源材料来说吧，木材的重要性是不言而喻的。木材可以作为建筑材料，用于建造房屋、桥梁等；可以用来制造铁路枕木、农具、船只；可以制作家具、地板；可以制作铅笔杆、软木塞、乐器、体育器械、筷子等……当然，还可以作为燃料。由于木材的用处极为广泛，在国家建设中发挥着重要作用，以致一说到林业，很多人首先就会想到茂密无边的大森林，想到伐木的锯声，想到整整齐齐堆着原木的贮木场。

其实除木材之外，还有两类植物源材料也是重要的林产品，而且在发展中国家意义尤为重大，这就是竹和藤。

从植物分类的角度来看，竹子是禾本科植物，和水稻、小麦、玉米等粮食作物是近亲。竹子的种类至今还没有一个公认的数字，这是因为花是植物分类的重要依据，但很多竹子常年不开花，这就给竹子的准确分类带来了很大困难，不同学者的观点莫衷一是。一般认为全世界竹类有70多属，1400多种，其中竿较坚硬的木本竹类有近50属，约1000种，其余是草本竹类。中国

广西的毛竹林

的竹类几乎都是木本竹类，草本竹类仅在台湾地区发现1种。

木本竹类通常生长在阔叶林之下，在阔叶林被破坏之后，也可独自成林。它们虽然也被归为木本植物，但和真正的木本植物还是有区别的。不同的解剖结构，导致竹材和木材在性能上各有特点。竹材的强度可以和木材媲美，又比木材有更大的弹性和韧性，因此不仅可以利用其强度作为建筑材料和自行车车架等受力结构的材料，还可以利用其弹性、韧性作为编织材料，这就使竹材比木材有更广泛的用途。值得一提的是，最早的商业化生产的白炽灯，其灯丝用的也是炭化的竹丝。钨丝灯泡是在竹丝灯泡用了20多年之后才研发成功的。

竹子还有一个最大的优点，就是生长速度快，有的种类曾经有一昼夜拔高1米的惊人纪录，一般的乔木竹类则可在一昼夜拔高10~20厘米。这就使竹材的生产周期大大短于木材，资源极易再生。竹子易成林的特点，也使之成为重要的水土保持植物。

世界竹子主要有3个分布区域，其一是亚洲东部（包括东亚、东南亚和南亚）和大洋洲，这个地区的竹子种类最多，应用也最广泛。以中国为例，早在7400多年前的湖南高庙遗址和7000多年前的浙江河姆渡遗址就发现了用竹篾编织的席子。在距今4700多年前的浙江良渚文化钱山漾遗址中发现了竹席、竹篓等多种竹器，说明此时中国南方的竹手工业已经十分成熟了。在商代晚期殷墟郭家庄墓葬中也发现了竹篓，甲骨文中有"册""典"二字，似将木片或竹片编成一串之形，又有"聿"字（笔的古体），似手持竹笔书写之形，这些都说明商代中原地区的竹手工业也已成形。西周以降,竹子更是得到了广泛应用。

竹材在中国古代的大量使用,使得竹文化成为中国文化不可分割的一部分,比如,汉字偏旁中就有竹字头,很多字都以它为部首,如笑、第、答、策等等;在造纸术发明之前,竹简、竹笔是重要的书写工具,因此除了"简""笔"这两个字外,一些和文书有关的字也以竹字头为部首,如籍、篇、簿等;竹棍又是重要的计算工具,称为"筹",因此"算"这个字也有竹字头。竹材也是重要的乐器原料,用它可以制作箫、笙、管、笛等管乐器,所以这些字也都从竹。

和竹子有关的成语、典故数不胜数。三国魏时代的"竹林七贤",其洒脱不羁的形象,为后世将竹子与超然出世的气质联系在一起奠定了基础。到东晋,又出了个爱竹如命的王徽之(他是著名书法家王羲之之子),哪怕只是暂住他人房屋,也一定要在周围种上竹子,还说"不可一日无此君"。北宋文学家苏轼受此感染,便写下了"可使食无肉,不可使居无竹。无肉令人瘦,无竹令人俗"的名句。又如竹与梅、兰、菊并称"花中四君子",与松、梅并称"岁寒三友",通过这些雅称,古代的士人们在竹身上寄托了不以物喜、不以己悲的高洁情怀。很多和竹子没有亲缘关系的植物也都因为在形态上和竹有所相像,而在名称中带有"竹"字,如玉竹、石竹、文竹、棕竹、南天竹等。

世界竹子的另外两个分布区域是南北美洲和撒哈拉以南的非洲,不仅种类较少,应用也不如亚太地区广泛。美洲的印第安人知道用竹子盖房,制作篱笆、容器和农具,而非洲原住民对竹类资源的开发,往往还停留在用其制作竹箭和蚊帐杆的水平上。在6大洲中,唯有欧洲是完全没有竹类分布的,因此竹文化对于西方文化来说完全是外来文化。

说过了竹,再来说说藤。在植物分类学上,藤是藤本植物的通称,藤本植物是指自身的茎不能独立向上生长,必须通过缠绕或攀缘其他物体的方式向上生长的植物。和竹类一样,藤本植物也有草本和木本之分。能够制作藤器的藤都是木质藤本,而且除少数种类外,都是棕榈科植物,和棕榈、椰子、鱼尾葵等许多富有南国风光的观赏植物是近亲。因此,在藤产业中,藤几乎可以视为棕榈藤的简称。

棕榈藤共有600多种,绝大多数都属于省藤属、黄藤属和钩叶藤属这3个属,它们主要产于东南亚,也产于热带非洲和澳洲北部等地,在热带雨林、季雨林中形成颇具特色的粗藤缠树景观。有的棕榈藤长度可达300米以上,堪称是世界上最长的植物。棕榈藤藤材的解剖结构和真正的木本植物也不相同,其弹性、韧性很好,用于编织、制作家具是很适宜的。棕榈藤的生长速度也很快,而且在热带地区一年四季均可生长,这也使其资源有较高的再生能力。

虽然中国也有棕榈藤出产,但是由于分布区狭窄,资源有限,在近代以前应用不多。尽管四川的藤器在历史上颇有名气,早在东晋常璩的《华阳国志》中就有记载,但是当地应用的藤材并不是棕榈藤,而是"青藤"(是大名为"汉防己"和"细圆藤"的两种植物的统称)。《三国演义》中曾记载诸葛亮征南中时,与乌戈国的藤甲兵遭遇，一开始败下阵来，后来通过火烧才获胜。然而在《三国志》中并没有藤甲兵的记载，这一情节实属后人杜撰。至于古代诗文中出现的藤，如元代马致远的名句"枯藤老树昏鸦"，所指的更只是一般的藤本植物了。

藤手工业最发达的是在南洋地区，特别是印度尼西亚。长期以来，印尼的原藤和藤制家具出口额都占绝对优势地位。但是，和竹子不同，棕榈藤在目前还难以大规模人工种植，因此印尼原藤主要采自天然棕榈藤，这就对其资源造成了很大破坏，威胁到藤产业的可持续发展。从2012年起，印尼禁止原藤出口，尽管不可避免会造成经济损失，但也反映印尼政府为了保护棕榈藤资源，已经痛下决心。

综上所述，无论是竹还是藤，都以亚太地区的应用历史最为悠久，用途最为广泛。对于这一地区的很多发展中国家来说，竹藤业是重要的经济产业。人们意识到，如果能够把竹藤业向拉丁美洲、非洲等地区推广，那么也一定可以促进这些地区的发展中国家的经济发展。而且，由于竹藤可以作为木材的替代品，制造很多器件，因此竹藤业的发展有助于减少对森林的滥砍乱伐，从而间接起到了环境保护的作用。

既能发展经济，帮助发展中国家的贫困人口脱贫，又能同时挽救森林，保护环境，无怪竹藤业在近些年会受到众多关注人类福祉的国际组织的青睐了。中国在1997年还成立了专门致力于竹藤业推广交流的国际非盈利组织——国际竹藤组织，据说，这也是第一个总部设在中国的政府间国际组织。

送人月季，手有余香

要说什么花最能够代表爱情，那非玫瑰莫属了。

玫瑰成为爱情的信物，是地地道道的西方文化。据希腊神话记载，司管爱情的女神阿芙洛狄忒（相当于罗马神话中的维纳斯）曾经倾心于一位叫阿多尼斯的美男子。后来阿多尼斯在打猎时被野猪杀死，阿芙洛狄忒闻讯向他跑去。在途中，她的皮肤被玫瑰刺扎伤，血流出来落到玫瑰上，便使原本白色的玫瑰变成红色了。这就是红玫瑰被作为爱情象征的由来。

不过，如果我要告诉你，在花店里卖的玫瑰花其实是月季花，你会怎么想？

"玫瑰"最早并不是花名，而是一种宝石的名字，这从"玫瑰"两个字都是玉字旁（玉在做左偏旁时失去一点，像是"王"

字）就能看出。这种叫做"玫瑰"的宝石又名"火齐（jì）"，是什么样子的呢？李时珍《本草纲目》引用了一部叫做《异物志》的佚书，对它做了细致的描述："南天竺诸国出火齐，状如云母，色如紫金，重沓可开，析之则薄如蝉翼，积之乃如纱縠。"这是说，这种叫做"玫瑰"的宝石的颜色是纯铜一般的紫红色，可以拆成很多薄层。今天的矿物学家据此认定，玫瑰就是锂云母。

最迟到唐代，玫瑰才开始用来作为花名。这种花的颜色是紫红色，像是宝石玫瑰的颜色，因而得名。不过，玫瑰花的最大特色并不是花好看，而在于气味十分芳香，既可作为调味品，又可以提取为香料。《红楼梦》中的"玫瑰露"，就是玫瑰花瓣的水提取液。至今，在北京西部的妙峰山，还有万亩玫瑰园，每年5月玫瑰花开，都吸引了很多城里人去参观，购买各种玫瑰制品。除了花为紫红色、气味芳香之外，玫瑰还有一个特点：叶片是发皱的。玫瑰的学名是 *Rosa rugosa*，种加词 rugosa 的意思就是"多皱的"，形容的就是它的叶片。

在植物学上，玫瑰是蔷薇属（这个属的学名自然是 *Rosa*）植物的一种。全世界的蔷薇属植物一共有200种左右，其中有80多种分布在中国。因为中国的蔷薇属植物很多，所以古人并没有给它们起统一的名字，而是分别起了好几个名字，除了玫瑰之外，蔷薇、月季、木香、刺玫（刺蘼）都是不同蔷薇属植物的汉语名字。其中，蔷薇的名字最古老，据说它本来写做"墙蘼"，"蘼"是蔓延的意思，形容这种植物的枝条有一点攀缘习性，能够在墙上蔓延，后来就写成了同音的、字形更整齐优美的"蔷薇"。月季的观赏性则是最高的，品种也是最多的，因为有的品种花期很长，月月开花，季季开花，所以叫作"月季"。

在欧洲，则分布有50多种蔷薇属植物。在18世纪和19世纪初，中国的几种月季和蔷薇传到欧洲，欧洲人如获至宝，用它和欧洲本土的蔷薇属植物相互杂交，培育了大量的观赏品种。因为这些品种往往都有月季作为它们的亲本，所以实际上它们都是月季，而不是玫瑰。

那么为什么在日常用语中，这些观赏用月季被误叫作"玫瑰"呢？这就和翻译有关了。和中国人用玫瑰、月季、蔷薇等多个名字称呼蔷薇属植物不同，西方人只用一个词称呼蔷薇属植物，比如古罗马人把所有这些植物统称为"rosa"，这个词进入法语和英语，就拼写成rose。20世纪初的新文化运动期间，大量西方文学作品翻译成汉语，当时的翻译者在翻译这种植物名称的时候，懒得按照具体情况分别翻译成蔷薇、月季和玫瑰，就干脆统一翻译成"玫瑰"。至于为什么这些译者选择了"玫瑰"而不是"月季"，也许是因为他们觉得无论从字面还是发音来考虑，"玫瑰"都比"月季"更典雅华丽吧。

如今，"玫瑰"一词已经深入人心，已经没有可能再改成"月季"了。既然语言是大众创造的，不是某几个专家学者的专利，或许我们也不必非得说日常用语中的"玫瑰"一词是误用，大可以痛快承认，它就是月季的通称吧。

最后，我还要提醒一句：无论是玫瑰还是蔷薇还是月季，它们的茎上都有皮刺,这是蔷薇属植物的一个共同特征。所以,送人玫瑰的时候,要小心别让刺扎了自己的手,否则,就不是"送人玫瑰,手有余香",而是"送人玫瑰,手有余伤"了。

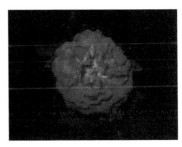

玫瑰

木香花／刘冰摄

白玉堂,蔷薇的一个品种

何必避俗

经过了近两百年的考察和研究，现在在北京市境内和周边发现一种科学上从未定过名的新植物的可能性已经几乎没有了（当然，前面讲过的小五台银莲花的发现是例外，所以我才说是奇迹）。但是，发现一种此前在北京没有分布的新记录植物还是很容易的。几乎年年都有外来植物物种进入北京，有些是被人类有意引种的，也有一些是无意带入的。

鸡屎藤（学名*Paederia scandens*）就是一种外来植物。它本来只分布在中国南方，所以《北京植物志》的第一版和1984年出版的第二版都没有收录它。但是，在1992年出版的《北京植物志》第二版修订本"补编"中，却收录了这种植物，注明"北京紫竹院见有逸生者"。由此可知，它很可能是在上世纪80年代被无意带入北京的。

"鸡屎藤"这个名字指出了这种植物的一大特征：茎叶有特殊臭味。至于这种臭味是不是像鸡屎，是不是更像其他动物的屎，那倒不重要。它的属名*Paederia*来自希腊语*paideros*，意为"蛋白石"，是指这类植物的成熟果实为半透明状，像是蛋白石这种半透明的宝石。此外，还有一个流行的说法是：这个属名来自拉丁语*paedor*，意为"污秽"，是指这类植物的臭味。尽管这个说法并不正确，但由此也可以看出其茎叶的气味给人们留下的深刻印象。

鸡屎藤的花

鸡屎藤的果实

不过，比起茎叶的臭味来，鸡屎藤给我留下的更深刻的印象，在于它的疯狂蔓延。中国科学院北京植物园（在北京市植物园对面）温室北面有一排柏树，不知从什么时候起，开始有鸡屎藤在这里疯长，每年夏天，它那浓绿色的叶片就在柏树上面铺了密密的一层，然后开出白中带红的花朵来。秋天，它又结出大量沙棘一般的橙黄色小浆果（的确是半透明状），直到冬天茎叶枯干后还挂在枝头。这个时候，原本被鸡屎藤浓密茎叶遮蔽的柏树也才终于重见天日，露出它那几乎枯萎的枝条。显然，鸡屎藤是一种有害的外来入侵植物，目前的主要危害就是能够缠绕在柏树这样生长缓慢的园林树木上，对其生长造成不良影响，这显然增大了维护园林景观的花销。也许在将来，它还有侵入低山林区、影响本地生物多样性的潜在危险。

不过，现在鸡屎藤的危害还没有引起足够的注意，这是因为它是从中国南方入侵到北方，而按照流行的观点，似乎只有来自国外的植物才是外来入侵植物。其实，入侵生物的定义本来和国界无关，是针对不同的自然区域而言的。中国幅员广阔，南方和北方属于不同的自然区域，因此像鸡屎藤这种从南方入侵到北方的植物当然是外来入侵生物。无独有偶，从长江流域入侵到云南高原湖泊中的淡水鱼也是地地道道的入侵生物，它们已经使这些湖泊中的土著鱼类受到排挤而濒临灭绝。

同样没有引起足够注意的，还有鸡屎藤的汉语名字。在很多植物志（包括上面提到的《北京植物志》）中，它的名字都被写成“鸡矢藤”。这算是别字吗？似乎也不能算。以“矢”作为“屎”

的通假字在古汉语中是有先例的,最著名的例子,见于《史记·廉颇蔺相如列传》中赵王使者收受廉颇仇敌的贿金,向本来有意重新起用廉颇的赵王诋毁廉颇的话:"廉将军虽老,尚善饭,然与臣坐,顷之三遗矢矣。"(廉将军尽管年老,但饭量也还很大,可是和我坐在一起,不一会儿工夫就去拉了3次屎。)直到后来,尽管已经有了专门的"屎"字,文人雅士仍然嫌"屎"字太俗,在诗文中也还是喜欢用"矢"代"屎"。

可是,"矢"并不是一个死字,它也有它活生生的意思。"矢"的本义是箭,尽管今天这个词已经不用于口语了(假如你喜欢射箭,大概不会说自己喜欢"射矢"),但是由它组合而成的"矢量"(字面意思是"能够用箭头图形表示的物理量")一词却是理科生再熟悉不过的术语。在植物名称中,也有使用本义的"矢"字,比如矢车菊,本来是一个日本名,其名字的由来,在于它的花序中最下面的一圈花形状较大,形似日本一种叫"矢车"的装饰品。假如汉字有灵魂的话,"矢"字大概要抱怨了:你们把"屎"字写成我的样子,征得我的同意了吗?

何止是鸡矢藤,在植物志中还能找到老鼠矢、牛矢果甚至臭矢菜这样的避俗的名字。然而,同时你也能找到猪屎豆、猫儿屎、鸡屎树这样的并不避俗的名字。我的意见,你大概已经猜到了:既然这些名字都是来自于生动的摹拟,体现了民众的智慧,既然"屎"字并不属于完全需要避讳的脏话,那为什么还要把一些植物名称中的"屎"字写成"矢"呢?为了汉语的纯洁,恢复它们的本字吧!

仙人掌入滇记

　　一说到仙人掌，很多人会想到墨西哥，想到美国西部，想到牛仔。的确，墨西哥和美国西部的荒漠地带分布着很多仙人掌类植物，它们点缀在荒漠里，形成独特的景观。但是，实际上仙人掌类植物广泛分布于美洲大陆热带地区。我们比较熟悉的这种茎扁平的仙人掌就和墨西哥、牛仔都没有瓜葛，而是南美洲的土著。

　　仙人掌的属名是*Opuntia*。这个名字来自拉丁语*herba Opuntia*，意思是"产自奥普斯的药草"（奥普斯是古希腊的一座城）。这种"奥普斯药草"本来是指什么植物，现在已经无从查证了，不过这不影响18世纪的苏格兰植物学家菲利普·米勒（Philip Miller）借用这个名字称呼古希腊人从来没有见过的仙人掌——显然，这又是继承了林奈开创的挪用古籍里的名称指代新植物的光荣传统。

"仙人掌"这个好听的汉语名字，最早见于一本叫做《滇志》的书，著者是土生土长的云南人刘文征，成书于"木匠皇帝"朱由校在位的天启（1621–1627）年间。刘文征说当时云南已经引种栽培了这种植物，至于从哪里引种的就暂时不可考了，不过肯定和来东南亚的欧洲人脱不了干系。

不过，也有学者提出了一个惊人的假说：仙人掌原产中国！其理由之一是：仙人掌又有"平虑草"的别名，而在《三国志·吴志·孙皓传》中，有这样的记载："……有买菜生工人吴平家，高四尺，厚三分，如枇杷形，上广尺八寸，下茎广五寸，两边生叶，绿色。东观案图，名……买菜作平虑草，遂以……平为平虑郎，……银印青绶。"这是说，三国吴国的最后一个皇帝孙皓是个昏君，迷信各种灵异。有一个叫吴平的工匠在他家中发现了一种叫"买菜"的古怪植物，报告给政府部门。史馆（东观）的修史人员查阅馆中图籍，发现这种"买菜"就是图籍中记载的"平虑草"，是一种祥瑞之草。孙皓十分高兴，就给了吴平一个"平虑郎"的封号，发给他只有大官才能使用的带有青色绶带的银制印章。既然早在三国时代，吴国就已经有仙人掌，那它就不可能是后来引种的，而更可能是一种本土植物。

那么这种"平虑草"是不是仙人掌呢？看其描述"如枇杷形"，似乎是在描述仙人掌扁平的茎。这"枇杷形"宽为5寸到8寸，按东汉的度量衡制，合12~20厘米，厚为3分，约合0.7厘米，都和仙人掌茎的尺寸差不多。如果把"四尺"（约合0.96米）理解成全株的高度，而不是每一茎节的高度，那也差不多相当于一株幼仙人掌的高度。而且，和一般人的想象相反，仙人掌的确是有真正的绿色叶子的，只不过长得非常小，刚生出来不久就会脱落罢了。

如此说来，"平虑草"就是仙人掌了？在我看来，虽然不能排除这种可能性，但是我倾向于认为不是。毕竟，只凭寥寥数句描述，并不能准确鉴定植物。何况仙人掌是有刺的，比叶明显得多，如果平虑草果然是仙人掌，为何当时没有人注意这个特征呢？要知道，今天的植物学家之所以要靠标本才能准确鉴定植物，就是为了避免简单的语言描述引发理解的分歧！

当然，现在在科学上还是有办法解决一种植物是土产还是外来的争论的，这就是测它的"基因指纹"，和生长在其他地方的同种生物相比较。两个"种群"分隔越久，它们的基因指纹相差就越大。假如云南的仙人掌和南美的仙人掌的基因指纹差异很大，大到没有几万年不足以形成这样的差异的程度，那我们就可以认定云南的仙人掌是本土植物；如果只是显示出几百年的差异，那就表明仙人掌的确是在明末才传入中国的。可惜，据我所知还没有人做过这方面的研究。

我们还是先遵照一般的说法，认定仙人掌是明末才传入云南的吧。因为仙人掌浑身是刺，又易于生长，很适合做篱笆，所以很快就普及开来。但是当时没有人会想到，鸟在吃了它的果子之后会把种子到处排泄，没过多久，在金沙江、怒江、澜沧江等大江的河谷地带就出现了逸生的仙人掌。这些深邃的峡谷气候干热，非常适合仙人掌生长，它们大肆排挤原生植物，结果到今天，三江江边已经是一派南美风光了。这种外来生物取代本地生物、影响本地生物多样性的现象，就叫做"生物入侵"。好在离了谷底，气候便不再干热，仙人掌的"殖民"也不得不中止。

相比之下，澳大利亚就比较惨。1788年，仙人掌被引入澳大利亚，之后迅速扩张，让大片牧场沦为荒地。澳大利亚政府费了很大力气，从原产地引入了专吃仙人掌的昆虫，才算把这种有害植物控制住。不过我们也不必幸灾乐祸。生物入侵也已经给中国带来了巨大的经济损失，而云南正是受生物入侵危害最严重的省份之一！

如果你有心关注环境问题，不妨认识几种入侵植物，然后在野外见到之后把它们拔掉吧。这是我们人人可以做到的小事。

枫桥疑案

前面已经说过了枫香树的学名"纠纷"，现在是看看人们对"枫"这个汉语树名的各种说道的时候了。

"枫"是中国古代诗文中常见的字眼。唐代诗人杜牧的名句"停车坐爱枫林晚，霜叶红于二月花"是众所周知的（我都有点不想提这两句诗，因为实在是太没有新意了）。我最喜欢的唐代诗人是杜甫，最喜欢的杜甫诗之一是组诗《秋兴》，而其中第一首的前两句就是"玉露凋伤枫树林，巫山巫峡气萧森"。当然，还有另一位唐代诗人张继那首同样众所周知的《枫桥夜泊》，也提到了枫树：

月落乌啼霜满天，江枫渔火对愁眠。

姑苏城外寒山寺，夜半钟声到客船。

近来看刘华杰著《天涯芳草》一书，看到里面对这首诗的讲解，不由吃了一惊。"寒山寺"不是寒冷的山上的寺，而是以一位著名僧人"寒山"命名的寺，这个我倒是早就知道；但是，"江枫"居然也不是"江边的枫树"的意思，而是两座叫做"江桥"和"枫桥"的桥名合称！据刘老师1997年的实地调查，寒山寺周围没有山，也没有枫树，倒的确是有叫做江桥和枫桥的两座石拱桥，相距不到百米，就在寒山寺附近。

不过，也有人怀疑，也许张继的本意就是在写"江边的枫树"。散文家周作人还曾经援引前人的考证，认为张继是误把乌桕树当成枫树。它们的共同特点，不过是叶子到深秋都会变红、脱落罢了。

然而，枫树究竟是什么树？

也许这本来并不是个问题。至迟到西汉已经成书的中国第一部词典（注意不是字典）《尔雅》中已经收录了"枫"一词。晋代学者郭璞在他的《尔雅注》里面说："枫树似白杨，叶圆而歧，有脂而香，今之枫香是也。"这已经明确说枫树就是枫香树。清代学者吴其濬在《植物名实图考》中则说："江南凡树叶有叉歧者，多呼为枫，不尽同类。"这又明确说枫树同时也是其他树叶分裂、有几个角的树种的统称——其中自然也包括和枫香没有亲缘关系的槭树。《现代汉语词典》第6版对"枫"字的第一个解释也是："枫树，落叶乔木，叶子通常三裂，……秋季变成红色，……也叫枫香。"（第二个解释是"姓"。）压根不关槭树什么事。

　　然而，我国台湾学者李学勇在1985年和1997年却先后撰文指出，"枫"本来指的就是槭树，而不是枫香。他的理由之一，是枫香出产于南方，中原没有这种树，所以也就不可能为这种树专门造字，因此"枫"一定是另有所指。李先生还指出，"槭"这个字本来并不读qì，而是和"蹙"同音，原来指的是什么树已经无考。是日本人在18世纪末把这个名字和学名为*Acer*（台湾宏碁公司的外文名就是来自这个词）、英文为maple的这类树木挂起钩来，又由中国学界接受之后，"槭"这个字才转而有了今天的读音和用法的。他因此建议废弃"槭"一名，恢复"枫"的古名。可能是受李先生推动，台湾植物学界现在便以"枫"作为槭树的正名，而大陆出版的*Flora of China*（英文版《中国植物志》）也把之前出版的中文版《中国植物志》中的"槭"几乎全改成了"枫"。

　　我个人觉得，李学勇先生的论据不太有说服力，还是吴其濬说得有道理，在老百姓的用语中，枫树不过是那些叶子分裂的、秋季叶色会变红的树木的统称罢了，至于"枫"本来是指什么树种并不重要。所以不管是枫香树还是槭树，都不妨叫做枫树。甚至连乌桕，也不妨叫做枫树。这样一来，张继那首诗中的"江枫"完全可以用来指代乌桕树，没有问题！当然，如果要精确地指称某一类树种，那就应该直接说"枫香树"或"槭树"，而不能笼统地说"枫树"。把"枫树"强行规定为具体某一类树种的别名或正名，看来是不太合适的。

　　这就是我对"枫"的名实问题的看法，算是一家之言吧。有人说，很多"科学未解之谜"之所以"未解"，并不是科学家们完全不知道是怎么回事，其实很多人都有自己的坚定看法，只是几种观点并存，大家没有统一的认识罢了。"枫"的问题也是这样，人人可以有自己的想法，但大家的意见合起来，便显得这个问题仍然"未解"。不过，那又有什么关系？我自己曾经对这个问题感兴趣，曾经深入思考过，最后形成了自己的结论。让我享受了独属于我的思想乐趣，这就足够了。

最爱吃柑橘

2007年12月27日的日本报纸《每日新闻》报道了一则奇闻：福冈县佐贺町一位名叫福岛学的71岁老农，花了15年时间，用嫁接的方法让一棵30岁的柠檬树结出了11种不同的水果，但这位老农仍不满足，还想继续往上嫁接新品种，把"百果树"的名头发扬下去。

如果这11种水果包括香蕉、葡萄、苹果、草莓等多姿多彩的种类，那么这真可算得上是奇迹了，因为就像马和驴杂交能生骡，马和羊就没法杂交一样，植物中也只有亲缘关系密切的种类才能嫁接成功。然而，事实是这11种水果和作为砧木（被嫁接的母树）的柠檬一样，都是柑橘类水果，比如其中的凸椪（デコポン）是一种橘，晚白柚（バンペイユ）是一种柚，八朔（ハッサク）则是一种橘柚杂交品种……那么这还能不能算是奇迹呢？

柑橘类水果是一大类水果的统称，除了上面提到的柠檬、橘和柚，还有柑、橙、葡萄柚、枸橼以及金橘、枳（就是成语"南橘北枳"的枳，又名枸 gōu 橘），等等。在园艺学上，这些不同类别的水果都有严格的定义，比如橘的最大特点是"宽皮"，也就是果实成熟时橘子皮与橘子瓤脱离，极易剥去；橙的特点则是橙皮和橙瓤紧密结合，很难剥离（所以一般是切着吃）；柑皮的难剥程度则介于二者之间。不过，在日常用语中，橘、柑、橙常常相互混淆，比如市场上的"广柑"实际上是橙，"芦柑"实际上是橘，"温州蜜橘"实际上是柑。顺便说一句，"橘"这个字俗作"桔"，但"桔"本来读 jié，用于"桔梗""桔槔"等词，和"橘"是不同的两个字。

　　这么多的种类固然大饱了世人的口福，可是却把植物学家愁坏了。到底应该把这一堆统称为"柑橘类"的东西分成几种呢？植物学家为了这个问题争吵了上百年，形成了两种截然相反的观点。美国的施永格（W.T. Swingle）是一位农林学家，但对文史也很有研究，曾给美国国会图书馆搜集了不少中国的地方志，在农学界和史学界都算得上名人。在他看来，柑橘类中除了金橘和枳，剩下的只能划分成16个种，其中还要包括一些野生种。日本的田中长三郎则相反，一口气把枳和金橘以外的柑橘类划成了159个种，光是宽皮橘就有36种之多！

　　如此说来，柑橘类有多少种岂不成了公说公有理、婆说婆有理的事了？好在科学的发展总是能出乎意料地解决先前的棘手问题，就好比法国哲学家孔德曾感慨人类永远也不可能知道恒星的化学成分，可是过了还不到30年，德国科学家基尔霍夫和本生就用光谱分析法分析出了太阳表层的元素组成。同样，在20世纪90年代DNA分析法广泛应用之后，许多以前争论不休的分类学问题都逐渐得到了解决。柑橘类的分类和起源，也慢慢有了初步定论，答案是令人惊奇的——不管是施永格还是田中，都高估了柑橘类的物种多样性，因为除了枳和金橘，剩下的所有柑橘类也许都只是3个野生种的后代！

这3个野生种是枸（jǔ）橼（yuán）、野生柚和野生宽皮橘，起初只生长于中国南方的茂密森林中，用它们美味的果实吸引动物来吃，为之传播种子。后来，同样沉醉于其美味的人类开始有意地栽培它们。当两个种被栽培在一起时，它们会因相互授粉而发生杂交，把杂交而成的种子种下去，再长出来的果树就会结出口味和原种不同的果实。那些口感独特而优良的杂交品种被心细的农夫保存下来，便形成了新类型的柑橘类水果。受到启发的农夫也会有意进行人工杂交，这使柑橘类的品种愈加丰富。就这样，柚和宽皮橘的杂交产生了橙，所以橙子既有像柚子那样难剥的皮，又有像宽皮橘那样的甜酸味而没有柚子的苦味；宽皮橘和橙的杂交又产生了柑，所以柑皮的难剥程度介于橘和橙之间；枸橼和酸橙或柑的杂交产生了各种柠檬，它们的果汁青出于蓝而胜于蓝，在酸度上达到了极致；柚和甜橙杂交则产生了西方的上层人士酷爱的甜酸苦香齐备的葡萄柚……

为什么柑橘类水果这么受青睐，被培育出了如此众多的品种？这大概是因为柑橘类水果含有大量的果汁，色泽、气味、口感和营养俱佳，而且很容易压榨。人们对柑橘类水果的果汁的酷爱，使这类水果成了世界上产量第一的水果。1997年全世界柑橘类水果的总产量接近8000万吨，到2007年又超过了1亿吨。

所以事情很明白了。在一棵柠檬树上嫁接11种柑橘类水果，其实是很容易的事情，因为在嫁接中涉及的真正种类可能只有3个，而这3个种彼此之间显然是高度亲和的。虽然如此，这位孜孜不倦的日本老农，仍然是值得我们中国的园艺爱好者敬佩和学习的榜样。

去年天气旧亭台

　　尽管植物的数目要大大多于鸟类，但是把这个数目差距考虑在内，观鸟爱好者要大大多于植物爱好者。原因之一自然是鸟类会动，植物不会动，而动的东西总是比不动的东西给人更多乐趣；原因之二则是鸟类之间的形态差别较大，即使是完全不懂鸟类分类学的人也常常能看出来，而植物之间的形态差别很小，一个珍稀濒危树种，在远处看去，和一株普通的树似乎并无区别。（当然，也可能是因为"鸟人"之名虽然不雅，终究还是健康人，而"植物人"却近乎死人的缘故。）

　　的确，当我们走进森林中，目光首先会被大树吸引，然后再注意到林下的灌丛——榛子伸展着宽宽的叶片，蔷薇浑身布满针刺，杜鹃花的艳丽颜色远远就能看到。接着，我们也许还会注意到脚下的草丛，里面也点缀着许多小花。但是，在这草丛中占据优势、数量最多的往往是薹草，却几乎不会被人觉察，因为它们实在是太不起眼了。

薹草不仅常常是森林中草本层的优势种类，在沼泽等环境中也很常见。东北著名的乌拉草，也是一种薹草。事实上，全世界的薹草多达2000多种，仅中国就有500多种。到野外看植物，如果你想比别人认识更多的植物的话，关注一下别人不太注意的薹草往往是既省力又有效的。

"薹"之名在古籍中早有记载。《诗经·小雅·南山有台》的前两句是"南山有台，北山有莱"，这里的"台"（繁体作"臺"）就是"薹"的本字。顺便说一句，曾有"历史学家"考证这首诗中的"有台"即"犹太"，以此论证《圣经》中所谓伊甸园本在中国。当我还在读历史学硕士时，这是我最喜欢的几个专业笑话之一。另一个我最喜欢的专业笑话是：美洲的印第安人是中国商代人的后裔，商朝——也叫殷朝——被灭亡后，他们渡海逃亡，但不忘旧邦，见面时相互问候："殷地安否？"因此被叫做"印第安"人。

话说汉字简化之前，"台"和"臺"本是两字。"阳臺""舞臺""写字臺""臺湾"都用"臺"，而"台"字在读tái时，常用的意思只有两个：敬辞（如兄台、台鉴），姓氏。"台"字又读tāi，则是地名用字了。

同样，"苔"和"薹"也是两个不同的字。"苔"和"台"一样有两个读音，在读tái时指的是一种较为低等的陆生植物，和藓类统称"苔藓植物";读tāi时则专用于"舌苔"一词。"薹"只有一个读音,却有至少两个意思,除了用于指"薹草"外,还用来指某些蔬菜的花茎,比如蒜薹、韭薹、菜薹。油菜(榨油用的油菜,不是做蔬菜吃的油菜)的大名叫"芸薹",可能也是来自这个意义。

汉字简化的时候,"臺"被简化成"台",但这是一个不能类推的简化字,也就是说,除"臺"字外,其他字中作为偏旁的"臺"字并不能简化为"台",因此"薹"字是不能简化为"苔"的。但是很多人都习惯把"台(臺)"视为像"鱼(魚)""鸟(鳥)""车(車)"那样的可以类推的简化字,这样就把"薹"误写成了"苔"。中国植物学界也曾把这个字写错过一段时间,好在现在已经意识到这个问题,开始逐渐纠正了。《中国植物志》中含有薹草的一卷是2000年出版的,其中的"薹"就没有误写成"苔"。

不过,植物学界至今还在错用另一个带草字头的字——葶。葶这个字只能用于"葶苈"(一类小型草本植物)一名,其他地方的"葶"几乎都是同音的"莛"字的误写。"莛"这个字在《说文解字》中就有记载,意为"茎"。在植物学上有个术语叫"花莛",指的就是某些草本植物生有花的茎。把"花莛"写成"花葶"是错误的,但是在几乎所有的植物学书籍上你都只能见到"花葶",却见不到"花莛"。

"葶"和"苔"这两个误用的字,不禁让我想到北宋词人晏殊那首著名的《浣溪纱》:

一曲新词酒一杯，去年天气旧亭台。夕阳西下几时回？

无可奈何花落去，似曾相识燕归来。小园香径独徘徊。

是啊，"葶"和"苔"的误写，直到现在还时时见到，可不就是"旧亭台"吗。对于这样流行的错误，我的呼吁显得那么单薄，也只能"无可奈何"，在书桌前面"独徘徊"了。

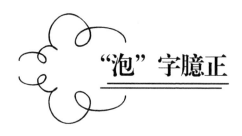

"泡"字臆正

如果让你说几个你觉得韵味高雅、富有意蕴的字，恐怕你说上一百个也不会轮到"泡"字。"泡茶""泡沫"也还罢了，"泡妞"就显得俗气。我还记得几年前有个很有名的洗涤剂厂商在电视上做广告，广告词是："你泡了吗？泡了。你漂了吗？漂了。"播出之后，遭到很多观众投诉，于是这广告才播放了一个月就匆匆下线了。至于"泡"作为量词，用于某两种排泄物，就更不登大雅之堂了。

不过，我翻检《中国植物志》，在植物名称中却发现了很多"泡"字：小马泡、马泡瓜、大乌泡、空心泡、高粱泡、泡桐、泡滑竹、泡花树、泡叶栒子、泡果沙拐枣、泡囊草、马尿泡……这勾起了我的好奇心：这些"泡"都是什么意思？它们应该是读pāo还是pào呢？

于是我引经据典，对这个"俗不可耐"的"泡"字作了一番考证。想不到，这些植物名称中的"泡"字竟然有6种意义、3个读音！

第一，"小马泡""马泡瓜"中的"泡"，是"瓝"的别字。"瓝"（异体有"㼖""䖀"）读báo，意思是"小瓜"。老舍先生的《四世同堂》中有一对汉奸夫妇，男的叫冠晓荷，女的绰号"大赤包"。如今，北京城里的孩子恐怕多半不知道这个绰号是何意了，但在几十年前，"赤包"（一种红色的小瓜）还是那时的北京孩子的玩物。如果不慎把"赤包"弄破，就会流出一摊混有很多瓜子的黏液，气味难闻，所以"大赤包"这绰号蕴含有"一肚子坏水"的含义，真是起得巧妙。唯一可惜的地方就是这个"包"字实际上也是"瓝"的别字。

第二，"大乌泡""空心泡""高粱泡"等名称中的"泡"，是"藨"的别字。"藨"读pāo，是悬钩子的别名。悬钩子是一大类植物的统称，其特点是茎上有刺，果实常为红色或黑色，肉质多汁，表面疙疙瘩瘩，样子像是草莓。在英语里面，灌木状的悬钩子统称为bramble（常常被翻译成树莓），又大致分为果实红色的raspberry（红树莓）和果实黑色的blackberry（黑莓）两类。有一种叫悬钩子的水果，就是红树莓的一种。

第三，"泡桐""泡滑竹"等名称中的"泡"，读pāo，意思是"虚而松软，不坚硬"。泡桐正是因为其木质疏松而得名"泡桐"。说到"桐"，我觉得它和"枫"一样，其实并不专指一种树，而是具有共同性质的一类树的统称。叫做"桐"的树木（如梧桐、油桐、血桐、珙桐以至法国梧桐）往往都有叶片巨大、生长迅速或木质松软的特点。松软的桐木很适合做琴、瑟等木制乐器，战国时的著名地理著作《禹贡》中就记载九州之一的徐州产"峄阳孤桐"，也就是在今山东南部的峄山南坡上生长的桐树之木，其用途很可能就是用来做乐器。至于这"孤桐"是泡桐还是梧桐，那倒是次要的问题，不争亦可。

第四，"泡花树""泡叶枸子"等名称中的"泡"表示"气泡"之义，读音自然是pào。泡花树的花蕾又小又圆，许多花蕾攒在一起，仿佛一堆白色的泡泡，"泡花树"由此得名。至于"泡叶枸子"，这个名字的意思倒是很明白，就是说它的叶片上有很多泡状的隆起，仿佛是里面灌了空气一般。

第五，"泡果沙拐枣""泡囊草"等名称中的"泡"表示"鼓起的中空物"之义，读pāo。这两种植物的果实都充气膨大，适合让种子随风传播，故名。

第六，"马尿泡"一名中的"尿泡"读suī pāo，是膀胱的俗称。这也是形容它的果实充气膨大，仿佛马的膀胱一般。

普普通通一个"泡"字，在植物名称中竟然有这么复杂的意义和读音，要一般人都理解和念准，实在不容易。我想了一套解决"泡"字释义难、读音难的方案：首先，恢复"桴""蔖"二字，虽然是生僻字，但专字专用，一看便知道是什么类的植物；然后，把表示"鼓起的中空物"之义的"泡"和"尿泡"的"泡"都写成同义字"脬"，这样也是专字专用，查查字典便知道含义。

这样，"泡"字就只剩下"虚而松软"和"气泡"两个意义，比较容易区分，也就便于读准了。

我一直想编一本《汉语植物名称辞典》，把这些考订工作都整理进去，让更多的人了解和应用。当然，这是一项不小的工程，想了想，我先给自己定个5年的期限吧。

论《森林报》的理想译本

在我小时候看过的少儿科普书中，印象最深的是叶永烈先生（就是前面提到的《为科学而献身》的作者）的《小灵通漫游未来》和少年儿童出版社的《十万个为什么》；而《十万个为什么》中最吸引我的化学分册，上面又有很多文章是叶先生写的。我在少年时代对化学的兴趣，在很大程度上是受叶先生的影响，高考的时候我便毅然填报了化学类的志愿。

曾几何时，我的研究方向又转到了植物学上面来。2010年底，新疆青少年出版社的编辑找到我，让我为她们审校由著名俄语翻译家韦苇先生翻译的《森林报》。我把译文审校一过，不禁想道：如果我小时候就看过这本书，恐怕会对生物学产生比化学更大的兴趣，也许高考的时候就直接填报生物学类的志愿了！

《森林报》（原书名*Лесная Газета*）是苏联著名儿童文学作家比安基（В.В. Бианки）的作品。比安基从小接触大自然，十分熟悉和热爱俄罗斯的森林和其中的动植物。在他笔下，阴暗肃穆的大森林充满了蓬勃生机，所有的生命都显得那么和蔼可亲。读的时候，仿佛身临其境；掩卷之余，又真想身临其境，这真是一流的文字所独有的魔力。我越想越羡慕那些小时候就看过《森林报》的人——他们那时会有多么激动人心的阅读体验啊!

　　不过，到目前为止，虽然市面上的《森林报》译本已经出了很多种，却还没有一个能完全符合我心目中的理想译本标准。

　　其实我的要求也不高。原书描写的那些动植物的故事并非杜撰，完全都是真实观察的记录，以致有人说比安基写的东西都能在"大自然的登记簿上找到存根"。既然如此，准确地翻译出书中的各种动植物名称，就应该是对这本书的翻译工作的一个起码要求。但是，几乎所有的译本都没有很好地做到这一点。

　　举例来说。俄语中的лось指的是一种产于寒温带大森林中的鹿，广布于欧亚大陆和北美洲北部，汉语名为"驼鹿"，在东北又叫"堪达罕"，是满语的音译。然而，很多译本都把这种鹿译为"麋鹿"，这种俗名"四不像"的鹿是中国特产，天然分布于长江中下游地区，和驼鹿完全不是一种。

　　再如俄语中的фиалка，相当于英语中的violet，指的是堇菜。堇菜在中国也很常见，比如在北京城中，早春的路边和荒地上就常常有早开堇菜和紫花地丁这两种堇菜生长。但是很多译本却把它译为"紫罗兰",这是原产欧洲南部地中海地区的一种观赏花卉,虽然颜色像是堇菜,却绝不是同一类植物。

又如осина,指的是一种学名为*Populus tremula*的杨树,常见的汉语名是"欧洲山杨"。尽管欧洲山杨和中国的山杨(学名*Populus davidiana*)不是同一种,但有相似之处:都是森林中的"先锋树种"(假如因为砍伐或雷击等原因造成老树倒地,使森林中出现空地,在这空地上最先长起来的树种就是先锋树种),都是耐旱树种,树叶都近于菱形,树皮都是青绿色。因此,осина在文学作品中不妨简称"山杨"。然而如果译成"白杨"就错了,因为像毛白杨、银白杨之类白杨树的特点是多生于水边,喜欢湿润环境,树叶不为菱形,树皮白色,和山杨有很明显的差别。

也许这些错误不应归咎于译者,因为词典上往往就是错的。这倒是令人感慨——我们曾经向苏联学习了那么多年,国内的大中学校一度以俄语而不是英语作为第一外语,竟然编不出一本在生物名称翻译上准确的通用词典。当然,我这样说也许对俄语词典的编者不公平,因为在很多通用英语词典中,生物名称的翻译一样是错误百出!

那么,由我审校的那个《森林报》译本呢?说句不谦虚的话,这应该是目前最好的一个译本。韦苇先生的流畅译笔自不必说,我也尽我所能校订了书中的生物名称,更重要的是,《森林报》自1927年问世以来,先后修订过多次,在作者去世之后还在修订，而这个译本是国内第一个根据1986年的较新的俄文版译出的版本。

不过，韦苇先生担心原书中描绘打猎的段落会在中国造成不良影响，所以要么将其删除，要么用其他苏联儿童作家的作品片断代替。这也是这个译本的特色，但因为没有将原书译全，同时也算是一个遗憾。

将来会不会有一个既新又全，既信且雅，在各方面都无懈可击的《森林报》译本呢? 我想应该会有的。

红楼女子在谁家

说《红楼梦》的作者曹雪芹是博物学家，是一点不错的。别的不说，单是《红楼梦》中那大量的植物名称，就值得人们好好琢磨，然后出版研究专著——而这样的书的确也已经有了。甚至连曹雪芹的号"雪芹"中，都有一种植物的名字。

《红楼梦》中诸位女子和植物的关系，一向是红迷喜爱的话题。其中，第六十三回"寿怡红群芳开夜宴"一节，在书中算是最集中地把诸位女角和植物关联在一起的篇章了。各位钗裙到怡红院为贾宝玉庆寿，大家一起玩抽签"占花名"的游戏。宝玉的丫鬟晴雯取了签筒和骰子来，然后掷骰子，掷出5点，然后在人群中点数，点到第5人是薛宝钗。于是薛宝钗抽了一签，"只见签上画着一支牡丹，题着'艳冠群芳'四字"。接着，探春抽到杏花，李纨抽到梅花，湘云抽到海棠，麝月抽到荼蘼（据考证是香水月季），香菱抽到并蒂花（一梗两花的荷花），黛玉抽到芙蓉（即木芙蓉），袭人抽到桃花。显然，曹雪芹对这些抽签结果是缜密设计好的，每一种花都预示了人物在后来的命运。至于具体如何预示，那是红学家的兴趣所在，我这里就不赘述了。

大观园建成之后，其中有不少以植物命名的景点，比如"蓼汀""荇叶渚"等。女子住处也和花草沾边，比如李纨住在"稻香村"，惜春住在"藕香榭"，迎春住在"紫菱洲"，这里的稻、藕、菱和蓼、荇一样，也都是水生或湿生植物。薛宝钗住在"蘅芜苑"，"蘅芜"是什么植物，则没有定论；有人说"蘅"和"芜"是两种香草，蘅是杜衡，芜是蘼芜（川芎的幼苗），倒也说得通。

林黛玉的前身，众所周知是绛珠草。据说绛珠草就是酸浆（又名挂金灯、姑娘），现在已经开发为一种水果。尽管北京山区就有这种植物，我在野外也曾经数次见到，但一直没有尝过，直到去年冬天，才在市场上买了一些。味道的确很好，甘甜之外，有一种淡淡的奇异香味。不过，在知道酸浆很可能就是绛珠草之后，我顿时产生了一种奇怪的感觉，不打算再吃了。

其实，不少红楼女子的名字本身就是植物名称。香菱的名字就来自菱角，而她在被拐卖之前本名"英莲"（也难怪会在抽签中抽到并蒂花）。夏金桂的名字则毫无疑问来自桂花（又名木樨）。这样两个同以植物命名的人物，却成了一对冤家，也令人感叹。"贾家四春"中，迎春、探春都是花名。迎春花是大名鼎鼎的观赏植物，在中国已经广泛栽培。而探春花则是中国中西部山区的一种和迎春非常相似、亲缘关系也很密切的灌木。因为它的花期主要在夏季，河南当地管它叫"迎夏"；又因为它的花是鲜黄色，山东土名叫它"鸡蛋黄"；但很显然，这两个名字都不如源自河北的"探春花"一名更有文化底蕴。

这启发我们：既然名列"四大名著"的《红楼梦》早已是家喻户晓，其中的女子都描写得栩栩如生，是不是可以把她们的名字都用在植物身上呢？

其实在园艺界，已经有"黛玉花"之名了。这是一种原产南美洲山区的宿根花卉，学名*Chlidanthus fragrans*。当它开花的时候，看上去似乎的确有一点黛玉的风致。受此启发，我把和它近缘的另一种原产南美的宿根花卉*Eithea blumenavia*拟名为"紫鹃莲"（紫鹃是黛玉的丫鬟），因为它的花是淡紫红色，样子有点像杜鹃花。

在南非好望角地区还有一种宿根花卉，名叫*Amphisiphon stylosus*。因为它的花是鲜黄色，属名中的–*siphon*发音似"熙凤"，所以我的挚友刘冰就给它拟名为"黄熙凤"了。在有的方言中，"黄""王"同音，所以这种植物就算是王熙凤之花。看看它的照片，众多的花朵攒成一个黄色大球，倒也真有点王熙凤的那种霸气。

"贾家四春"中的另外二位元春和惜春，我想最适合用于命名和迎春花、探春花近缘的植物。在植物学上，迎春花和探春花都属于素馨属（学名*Jasminum*，英语jasmine就来自这个词）。素馨属全世界有200多种，广布于非洲、亚洲、澳洲和太平洋岛屿。我们大可以把国外一些在中国春节前后开花的种类叫做元春，在春夏之交开花的种类叫做惜春。

其他的钗裙之名，现在还没有指定，但将来会花落谁家呢？正在参与给全世界的植物属名拟订汉语名称工作的我，也很期待这个问题的答案。

贻厥嘉名，勉其祗植

　　在本书的引言里，我说过世界上的植物可以分为绿藻、苔藓植物、石松植物、蕨类植物和种子植物5大类。其中，后3类又统称"维管植物"，绝大多数生长在陆地上，在数量上占据了植物中的大头——据估计，全世界有20万~30万种维管植物。

　　中国面积广大，生物多样性丰富，"地大物博"，诚非虚语。不过，世界上本没有大也没有小，没有多也没有少，看你拿什么来比。按照传统的说法，中国的维管植物多样性在世界上排第三，次于巴西和马来西亚。但这个说法是不太准确的。2004年的时候，联合国统计过各国的维管植物总数，中国的确以32200种排第三，排第一的也的确是巴西（56215种），但是排第二的却不是马来西亚，而是哥伦比亚（51220种）。实际上，马来西亚只有15500种维管植物，只能排到第14位。超过20000种的国家还有印度尼西亚（29375种）、墨西哥（26071种）、南非（23420种）和委内瑞拉（21073种），分列第4~7位。

然而，这些数字大多都非常粗糙。科学家对热带地区的考察还很不充分，还有大量的植物未被描述和命名。而中国的植物研究也不充分，实际上并没有那么多种植物。如果把中国的植物仔细甄别鉴定一遍，最后的总数可能只有20000种左右，和同纬度的、面积相仿的另一大国美国（19473种）相当。这也就是说，中国维管植物的实际数目，只是世界维管植物总数的1/15~1/10；"非国产"的植物，要比"国产"植物多得多。

这些异域植物大多数都还没有汉语名字。要在几十年前，这不算什么事。连饭都吃不饱的中国人，怎么会关心在中国见不着的、不能拿来吃的植物到底叫什么名字？但是现在情况不同了。走出国门去世界各地旅游的人已经非常之多，当他们见到国外的奇花异草，有的人便免不了好奇想知道是什么植物。遍布全国各地的园艺爱好者也已经引种了许多异域的珍奇花卉，而富人们的家里也都摆着用各种热带木材制作的名贵家具。这些奇花异草和材用树都需要有汉语名字，这样才能方便学界以外的普通人相互交流。哪怕你想进行环保宣传，提醒人们不要为了满足自己的爱好而向自然索取过多，导致珍贵的野生植物资源枯竭，那也应该给濒危的植物起出汉语名字，这样才能拉近人们对这些植物的亲近感。

不过，给植物起汉语名字实在是门学问。西方很多国家使用拉丁字母拼写自己的语言，如果碰上没有现成名称的植物，只要直接照搬拉丁学名就行了。但是我们中国人不一样，不仅有自己的文字，而且不太习惯音译，所以几乎所有的植物名字都要另起。可是，植物的名字不能随意指定，最好是和植物本身的特征有关，让人一见这种植物就恍然大悟——怪不得它叫×××！新起的名字不能和已有的名字重名，否则就犯了"异物同名"的大忌；还不能有生僻字，让人看了念不出来就不好了；但又不能太白、太俗，像"毛药花""方枝树""多籽果""八蕊树""掌叶木""黄花草"这样的名字，用字平凡，描述呆板，不仅容易和别的植物名字相混，而且往往不能体现植物真正的特色。

其实，看看古人起的植物名字，会觉得其中富含智慧。罗汉松的种子下面有肉质膨大的种托，像是披着袈裟的和尚身子，上面的种子则像是和尚的光脑袋。仅用"罗汉"这样两个字的比喻，就把这种植物种子的形状描述得栩栩如生。珍珠梅的花似梅花，未开之时花蕾又小又圆，仿佛一粒粒的珍珠，再也找不到比这更恰当的名字了。"贝母"之名，初看不知所云，但一看解释，就让人豁然开朗——原来它的鳞茎有一层层的肉质鳞片，形似贝壳；能生出这么多"贝壳"的植物，可不就是"贝母"吗？

这就启发我们：多用妙喻，不仅可以让植物名字变得生动，易于被人接受，而且也大大扩展了起名空间，能够把平素不容易和植物挂起钩来的字词用在植物名字中。下面，我就不揣谫陋，举几个我自己拟的外国植物名字的例子。

Prionotes cerinthoides 是产于澳大利亚的攀缘性灌木，花圆柱形，鲜粉红色，和绿色的叶子相互映衬，十分美丽。因为花

的样子很像成串挂在墙上或树上起装饰作用的电珠, 所以我拟名为 "电珠花", 不仅暗示了花的形状, 而且也暗示了这种植物的攀缘习性。

Brunia albiflora 是产于南部非洲的灌木, 因为生于干旱地区, 叶片变得很小, 仿佛鳞片一般, 有人把这一类植物叫做 "鳞叶树", 虽然准确, 却嫌平淡, 因为叶子像鳞片的树实在太多了。其实这种树的花更有特点, 许多花攒在一起, 成一个白色的球, 仿佛是女生衣服上装饰用的绒球。据此新拟 "白花绒球树", 准确又活泼。

Anelsonia eurycarpa 是产于美国西部的耐旱肉质小草本, 果实成熟后果爿和种子脱落, 只剩下一层膜质的隔膜, 仿佛蝉翼一般薄而透明, 挺在叶丛之上, 看上去颇有风致。因为这种植物和芥菜近缘, 按照植物学界对这一类植物的命名传统, 我便为它新拟了 "蝉翼芥" 之名。

我和刘冰已经为非国产的上千个属起了名字, 而没有起好名字的属还有很多, 所以我们的拟名工作还在继续。我曾经想过, 用什么样的话可以概括这些工作的用处呢? 最后我想到中国著名的儿童启蒙读物《千字文》里有一句是 "贻厥嘉猷, 勉其祗植", 只须改一个字, 成为 "贻厥嘉名, 勉其祗植", 可以解释为 "给植物起个美好的名字, 勉励人们恭敬地去种植保护它们", 就最能够精炼地表述我们的起名工作的意义了。

主要参考文献

1. [汉]许慎撰、[清]段玉裁注,《说文解字注》,上海:上海古籍出版社,1988年.

2. 中国社会科学院语言研究所词典编辑室,《现代汉语词典(第6版)》,北京:商务印书馆,2012年.

3. 程俊英、蒋见元,《诗经注析》,北京:中华书局,1991年.

4. [南朝宋]刘义庆撰、余嘉锡笺疏《世说新语笺疏》,北京:中华书局,1983年.

5. [清]仇兆鳌撰,《杜少陵集详注》,北京:北京图书馆出版社,1999年.

6. 中国科学院中国植物志编辑委员会,《中国植物志》,北京:科学出版社,1959—2004年.

7. William T. Stearn, *Botanical Latin* (Fourth Edition), Newton Abbot: David & Charles, 1992.

8. David Gledhill, *The Names of Plants* (Fourth Edition), Cambridge: Cambridge University Press, 2008.

9. 胡宗刚,《静生生物调查所史稿》,济南:山东教育出版社,2005年.

10. 王文采、胡宗刚,《王文采口述自传》,长沙:湖南教育出版社,2009年.

11. W. Brunt, *Linnaeus: The Compleat Naturalist*, London: Frances Loncoln, 2004.

12. 刘华杰,《天涯芳草》,北京:北京大学出版社,2011年.

13. [美]J. 戴蒙德著、谢延光译,《枪炮、病菌与钢铁》,上海:上海人民出版社,2006年.

14. 《藏族简史》编写组,《藏族简史(修订本)》,北京:民族出版社,2009年.

15. [苏]维·比安基著、韦苇译,《森林报(美绘版)》,新疆青少年出版社,2011年.

索 引

　　我从小就对事物的名字显现出深厚的兴趣。小学一年级暑假的时候，我随母亲从太原去她的河北老家。返回太原的时候，我们坐的是天津西到太原的一趟慢车。因为全程都是白天，我把经过的每一个车站的名字都记了下来。回家之后在纸上画出示意图，让全家人又惊又喜。上初中的时候，我迷上了天文学，对中国星名非常感兴趣，于是把上海辞书出版社的《简明天文学辞典》中的中国星名词条全部摘抄下来，录入电脑。上高中的时候，我一度每天都去学校图书馆阅览室翻阅《中国大百科全书·化学卷》，把里面收录的有机化合物的名字、化学式、结构图都抄录到一个本子上。甚至我在大四的时候，之所以跨专业考了历史地理学的研究生，一个原因也是因为我能背下全中国的县级行政区划名称。这样，你就不难理解为什么我现在会从事植物名称的研究工作了。

　　2009年，京城一本名为《新知客》的科普杂志的主编范致行找到我，希望我为他们杂志撰写专栏，每篇字数在700字左右。因为文章题材不限，我自然而然地就想到可以写一写植物名称的由来。于是我开始在这本杂志上发表"植物之名"系列科普小品文，前后一共有15篇——第一篇是《中国槐还是日本槐？》，最后一篇是《被骂杀和捧杀的西红柿》。可惜，后来《新知客》停刊了，范致行改而去做一本商业性的科技杂志，这折射了中国科普事业的窘境。

2012年5月，人民邮电出版社的毕颖老师找到我，希望我能为他们写一本书。我把上述在《新知客》上发表的文章打包给她发过去，她看了之后觉得不错。于是，我对这些文章做了修改扩充，又另外写了几十篇，这样就写成了这本专门关注植物名称（不管是学名还是汉语名）的小书——这也是我的第一本独著的科普书。

本书中还有3篇文章已经在其他地方发表过。《最爱吃柑橘》于2008年1月发表在《新京报·新知周刊》上；《中国南北的断肠草》和《竹藤与人类文明共舞》于2012年发表在《环境与生活》杂志上。我要感谢这两份报刊向我约稿的责编徐来和郑挺颖，特别是徐来。2007年夏，我在网上写了一些科普文章，承蒙徐来赏识，其中几篇得以在《新京报·新知周刊》上发表，后来应他之邀，我又为《新知周刊》写了更多文章。这是我的科普创作生涯的正式开始。可惜，《新知周刊》后来也停刊了，徐来离开《新京报》到了果壳网，继续从事他所热爱的科普事业。我想将来如果写中国科普史，徐来一定是个重要人物。

我在这本书里引用了大量的文史知识和各种语言知识，也许这会让一些朋友误以为我的学问有多渊博。为此我要赶紧澄清一下：在写这本书时，我是耗尽全力的，脑子里的文史知识几乎全都"榨"到文字里面了，所以你在书中看到的各种引经据典，基本算是我上大学以来多年积攒的全部文史底子，除此之外略无遗类。我常常担忧地想，接下来要用几年时间，才能重新积累起足够的知识，能够让我写出第二本这样的书呢？我的外语水平也不高，很多语言不过是掌握了一点皮毛而已——当然，语言学爱好者都知道，这些皮毛的确足以给人造成"精通多门外语"的错觉。

感谢刘冰为此书提供了精美的植物照片。我在书中已经提到，我和刘冰正在为全世界植物的属拟定汉语名称，这个工作预计将在三四年内完成。在此之前，我会出版一本名为《植物学名的发音和解释》的专著。感兴趣的朋友可以关注一下我们的工作。

感谢刘华杰老师提供了洛克的照片。我对于博物学的认知，几乎都来自于刘华杰老师的各种专著、科普书和论文。感谢北京大学科史哲中心的蒋澈同学对书稿提出了重要的修改意见。

感谢妻子李佳在本书写作过程中对我的种种鼓励和鞭策。

最后，我把这本书献给女儿刘禹箖。你的名字中也有一个表示植物的字，意思是能做箭的大竹子。希望你长大之后，也会喜欢植物。